EXAMINATION QUESTIONS AND ANSWERS
OF AMERICAN MIDDLE SCHOOL STUDENTS
MATHEMATICAL CONTEST FROM THE FIRST
TO THE LATEST (VOLUME Ⅱ)

历届美国中学生
数学竞赛试题及解答

第2卷 兼谈Edgur问题

1955～1959

刘培杰数学工作室 编

内容简介

美国中学数学竞赛是全国性的智力竞技活动,由大学教授出题,题目具有深厚背景,蕴含丰富数学思想,这些题目有益于中学生掌握数学思想,提高辨识数学思维模式的能力。本书面向高中师生,整理了从1955年到1959年美国历届中学数学竞赛试题,并给出了巧妙的解答。

本书适合于中学生、中学教师及数学竞赛爱好者参考阅读。

图书在版编目(CIP)数据

历届美国中学生数学竞赛试题及解答. 第2卷,兼谈Edgur问题:1955~1959/刘培杰数学工作室编. —哈尔滨:哈尔滨工业大学出版社,2014.4
ISBN 978-7-5603-4548-2

Ⅰ.①历… Ⅱ.①刘… Ⅲ.①中学数学课-题解 Ⅳ.①G634.605

中国版本图书馆 CIP 数据核字(2013)第309926号

策划编辑	刘培杰 张永芹
责任编辑	张永芹 齐新宇
封面设计	孙茵艾
出版发行	哈尔滨工业大学出版社
社　　址	哈尔滨市南岗区复华四道街10号 邮编150006
传　　真	0451-86414749
网　　址	http://hitpress.hit.edu.cn
印　　刷	哈尔滨市石桥印务有限公司
开　　本	787mm×960mm 1/16 印张9.75 字数110千字
版　　次	2014年4月第1版 2014年4月第1次印刷
书　　号	ISBN 978-7-5603-4548-2
定　　价	18.00元

(如因印装质量问题影响阅读,我社负责调换)

目录

第1章 1955年试题 //1
    1 第一部分 //1
    2 第二部分 //4
    3 第三部分 //9
    4 答案 //13
    5 1955年试题解答 //14

第2章 1956年试题 //27
    1 第一部分 //27
    2 第二部分 //29
    3 第三部分 //33
    4 答案 //37
    5 1956年试题解答 //37

第3章 1957年试题 //52
    1 第一部分 //52
    2 第二部分 //55
    3 第三部分 //60
    4 答案 //65
    5 1957年试题解答 //65

第4章　1958年试题　//79

　　1　第一部分　//79

　　2　第二部分　//83

　　3　第三部分　//87

　　4　答案　//90

　　5　1958年试题解答　//91

第5章　1959年试题　//103

　　1　第一部分　//103

　　2　第二部分　//106

　　3　第三部分　//110

　　4　答案　//113

　　5　1959年试题解答　//114

附录　Edgur 问题　//128

　　1　一道初二竞赛题　//128

　　2　Bennet 方法　//129

　　3　Edgur 猜想　//133

　　4　与之相关的 Gel'fond-Baker 方法 //136

1955 年试题

第 1 章

1 第一部分

1. 下列何者不与 0.000 000 375 一致( ).

   (A) 3.75×10^{-7} (B) $3\frac{3}{4} \times 10^{-7}$

   (C) 375×10^{-9} (D) $\frac{3}{8} \times 10^{-7}$

   (E) $\frac{3}{8} \times 10^{-6}$

2. 时钟在 12:25 时两针间的夹角,其较小者为( ).

   (A) $132°30'$ (B) $137°30'$
   (C) $150°$ (D) $137°32'$
   (E) $137°$

3. 在 10 个数中,若各增加 20,则原 10 个数的算术平均值( ).

   (A) 保持不变 (B) 增加 20
   (C) 增加 200 (D) 增加 10
   (E) 增加 2

4. 满足方程 $\dfrac{1}{x-1} = \dfrac{2}{x-2}$ 的 x 值为(　　).

(A)无实值　　　　(B)$x=1$ 或 $x=2$

(C)只是 $x=1$　　(D)只是 $x=2$

(E)只是 $x=0$

5. y 与 x 的平方成反比,当 $y=16$ 时,$x=1$,当 $x=8$ 时,y 等于(　　).

(A)2　　(B)128　　(C)64　　(D)$\dfrac{1}{4}$

(E)1 024

6. 一商人买橙子的价格是每 3 个 10 ₵,又再以每 5 个 20 ₵ 的价格卖掉相同数量的橙子,若不赔不赚时他必须售(　　).

(A)每 8 个 30 ₵　　　　(B)每 3 个 11 ₵

(C)每 5 个 18 ₵　　　　(D)每 11 个 40 ₵

(E)每 13 个 50 ₵

7. 若一个工人领到扣了 20% 的工资,他若想正好获得原工资,则须提高实得工资的(　　).

(A)20%　(B)25%　(C)$22\dfrac{1}{2}$%　(D)$20

(E)$25

8. $x^2 - 4y^2 = 0$ 的图像为(　　).

(A)一条双曲线,只与 x 轴相交

(B)一条双曲线,只与 y 轴相交

(C)一条双曲线,与两坐标轴都不相交

(D)两条直线　　　　(E)不存在

9. 一个圆与一个三角形相切,三角形的边长各为 8,15 与 17,则此圆的半径为(　　).

(A)6　　(B)2　　(C)5　　(D)3

2

(E)7

10. 一列火车以每小时 40 km 的平均速率行驶于各站之间,若在 a km 的行程内,它曾作了 n 次停车,每次停车历时 m min,则共历时( ).

(A)$\dfrac{3a+2mn}{120}$ h   (B)$3a+2mn$ h

(C)$\dfrac{3a+2mn}{12}$ h   (D)$\dfrac{a+mn}{40}$ h

(E)$\dfrac{a+4mn}{40}$ h

11. "没有迟钝的进修生进入此学校",此叙述的否命题是( ).

(A)所有迟钝的进修生进入此学校

(B)所有迟钝的进修生没进入此学校

(C)某些迟钝的进修生进入此学校

(D)某些迟钝的进修生没进入此学校

(E)没有迟钝的进修生进入此学校

12. $\sqrt{5x-1}+\sqrt{x-1}=2$ 的解为( ).

(A)$x=2, x=1$ (B)$x=\dfrac{2}{3}$

(C)$x=2$ (D)$x=1$

(E)$x=0$

13. 分式 $\dfrac{a^{-4}-b^{-4}}{a^{-2}-b^{-2}}$ 等于( ).

(A)$a^{-6}-b^{-6}$ (B)$a^{-2}-b^{-2}$

(C)$a^{-2}+b^{-2}$ (D)a^2+b^2

(E)a^2-b^2

14. 若矩形 R 的长较正方形 S 的边长10%,而宽较正方形的边短10%,则面积 $R:S$ 为( ).

(A) 99:100　　　　(B) 101:100
(C) 1:1　　　　　(D) 199:200
(E) 201:200

15. 两同心圆的面积之比为 1:3，若小圆的半径为 r，则两同心圆的半径差的最佳近似值为(　　).
(A) $0.41r$　(B) 0.73　(C) 0.75　(D) $0.73r$
(E) $0.75r$

2　第二部分

16. 当 $a=4, b=-4$ 时，$\dfrac{3}{a+b}$ 的值为(　　).

(A) 3　　(B) $\dfrac{3}{8}$　　(C) 0　　(D) 任何定数

(E) 无意义

17. 若 $\lg x - 5\lg 3 = -2$，则 x 等于(　　).
(A) 1.25　(B) 0.81　(C) 2.43　(D) 0.8
(E) 不是 0.8 便是 1.25

18. 方程 $x^2 + 2\sqrt{3}x + 3 = 0$ 的判别式为零，故其根为(　　).
(A) 实数且相等　　(B) 有理数且相等
(C) 有理数而不等　(D) 无理数而不等
(E) 虚数

19. 两数之和为 6，其差的绝对值为 8，以此两数为根的方程为(　　).
(A) $x^2 - 6x + 7 = 0$　　(B) $x^2 - 6x - 7 = 0$
(C) $x^2 + 6x - 8 = 0$　　(D) $x^2 - 6x + 8 = 0$
(E) $x^2 + 6x - 7 = 0$

20. 式 $\sqrt{25-t^2}+5$ 等于零当且仅当( ).

(A) t 的值无实数或虚数

(B) t 的值无实数,但有一些虚数

(C) t 的值无虚数,但有一些实数

(D) $t=0$ (E) $t=\pm 5$

21. 若 c 及 A 表示直角三角形的斜边及面积,则斜边上的高为( ).

(A) $\dfrac{A}{c}$ (B) $\dfrac{2A}{c}$ (C) $\dfrac{A}{2c}$ (D) $\dfrac{A^2}{c}$

(E) $\dfrac{A}{c^2}$

22. 在 $10 000 的订货会上,某商人有两种选择:一种连减 20%,20%,10% 三折扣,另一种连减 40%,5%,5% 三折扣. 若此商人选择较便宜的一种时,他可省( ).

(A) $0   (B) $400   (C) $330

(D) $345   (E) $360

23. 某君在检算一小量出入的款项时计有 q 个 quarters, d 个 dimes, n 个 nickels 及 c 个 cents. 后来才发现其中 x 个 nickels 算成 quarters, x 个 dimes 算成 cents, 那么为改正某君所得的全量应( ).

(A) 无须改正   (B) 少 11 ¢

(C) 少 $11x$ ¢   (D) 多 11 ¢

(E) 多 x ¢

(注:¢ 表示 cents, 1 quarter = 25 ¢, 1 dime = 10 ¢, 1 nickel = 5 ¢)

24. 函数 $4x^2-12x-1$ ( ).

(A) 随 x 增加而增加

(B)当 x 减少至1时,减少

(C)不能等于0

(D)当 x 是负数时有最大值

(E)有极小值 -10

25. x^4+2x^2+9 的一个因式为( ).

(A) x^2+3　　　　(B) $x+1$

(C) x^2-3　　　　(D) x^2-2x-3

(E)非上述的答案

26. 甲有房屋值 \$10 000,售给乙,得10%的利润;乙又将此房屋售回甲,失10%的利润,则( ).

(A)甲无所得失　　(B)甲赚 \$100

(C)甲赚 \$1 000　　(D)乙赔 \$100

(E)非上述的答案

27. 若 r 与 s 是 $x^2-px+q=0$ 的根,则 r^2+s^2 等于( ).

(A) p^2+2q　　　(B) p^2-2q

(C) p^2+q^2　　　(D) p^2-q^2

(E) p^2

28. 在同一直角坐标系内,先作 $y=ax^2+bx+c$ 的图像,再作以 $-x$ 代替上式中的 x 而得的图像,若 $b\neq 0, c\neq 0$,这两个图像相交( ).

(A)两点,一点在 x 轴上,另一点在 y 轴上

(B)一点,不在两坐标轴上

(C)只在原点

(D)一点,在 x 轴上

(E)一点,在 y 轴上

29. 如图所示,PA 切于半圆 SAR;PB 切于半圆 RBT;ST 为一条直线,各弧如图所示. $\angle APB$ 可由何者测之

( ).

(A)$\frac{1}{2}(a-b)$ (B)$\frac{1}{2}(a+b)$

(C)$(c-a)-(d-b)$ (D)$a-b$

(E)$a+b$

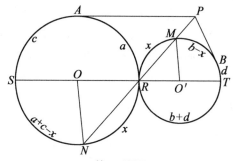

第29题图

30. 诸方程 $3x^2-2=25$，$(2x-1)^2=(x-1)^2$，$\sqrt{x^2-7}=\sqrt{x-1}$ 均有( ).

(A)两个整数根 (B)没有比3大的根

(C)没有零根 (D)只有一个根

(E)一个负根与一个正根

31. 一边长为2的正三角形，今引一条平行于此三角形一边的直线，分此三角形为一个梯形与另一个三角形，梯形的面积为原三角形面积的一半，则梯形的中位线长为( ).

(A)$\frac{\sqrt{6}}{2}$ (B)$\sqrt{2}$ (C)$2+\sqrt{2}$ (D)$\frac{2+\sqrt{2}}{2}$

(E)$\frac{2\sqrt{3}-\sqrt{6}}{2}$

32. 若 $ax^2+2bx+c=0$ 的判别式为零，则另一个有关

a, b 与 c 的正确叙述为( ).

(A) 它们形成算术级数(即等差)

(B) 它们形成几何级数(即等比)

(C) 它们不等

(D) 它们均为负数

(E) 只有 b 是负数, a 与 c 是正数

33. 某君去旅行, 当时钟的两针在上午 8 时与 9 时间重合时出发, 而在下午 2 时与 3 时间时钟的两针恰成 180° 时到达, 故此旅行共花费( ).

(A) 6 h (B) $6 \text{ h } 43\frac{7}{11} \text{ min}$

(C) $5 \text{ h } 16\frac{4}{11} \text{ min}$ (D) 6 h 30 min

(E) 非上述的答案

34. 有直径为 6 cm 及 18 cm 的两柱体, 如图所示放置且由金属线绑在一起, 则围绕着它们的最短的金属线长是( ).

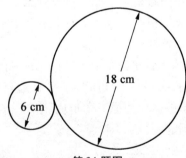

第 34 题图

(A) $12\sqrt{3} + 16\pi$ (B) $12\sqrt{3} + 7\pi$

(C) $12\sqrt{3} + 14\pi$ (D) $12 + 15\pi$

(E) 24π

35. 三个男孩同意分配一袋石弹,分配如下:第一人得总数的一半多一个,第二人得剩下来的 $\frac{1}{3}$,第三人发现剩下来给他的刚好是第二人的2倍.则石弹的总数为( ).
   (A)8 或 38
   (B)从给定的数据无法确定
   (C)20 或 26   (D)14 或 32
   (E)非上述的答案

3 第三部分

36. 一水平放置的圆柱油桶,桶内长 10 m,内半径为 6 m. 若油面成矩形状,面积为 40 m^2,则油深为( ).
   (A)$\sqrt{5}$ (B)$2\sqrt{5}$ (C)$3-\sqrt{5}$ (D)$3+\sqrt{5}$
   (E)$3-\sqrt{5}$ 或 $3+\sqrt{5}$

37. 某三位数的数字自左至右依次为 h,t 与 $u,h>u$,当数字的次序反过来所成的数被原先的数减时,若个位数字之差为4,则另两位数字自右至左为( ).
   (A)5 与 9   (B)9 与 5
   (C)不能得知   (D)5 与 4
   (E)4 与 5

38. 有四个正整数,任选其三,取其平均值再加另一整数则得 29,23,21 与 17,原四整数之一为( ).
   (A)19   (B)21   (C)23   (D)29
   (E)17

39. 设 $y = x^2 + px + q$，当 y 可能的最小值是零时，q 等于（ ）．

(A) 0 　(B) $\dfrac{p^2}{4}$ 　(C) $\dfrac{p}{2}$ 　(D) $-\dfrac{p}{2}$

(E) $\dfrac{p^2}{4} - q$

40. 若 $b \neq d$，分式 $\dfrac{ax+b}{cx+d}$ 与 $\dfrac{b}{d}$ 不相等当且仅当（ ）．

(A) $a = c = 1$ 且 $x \neq 0$ 　(B) $a = b = 0$

(C) $a = c = 0$ 　(D) $x = 0$

(E) $ad = bc$

41. 一列火车自 A 镇至 B 镇行驶 1 h 后出事．停了半小时之后，以平均速率的 $\dfrac{4}{5}$ 再前进，到 B 镇已晚了 2 h．若火车在出事之前已行驶了 80 km，则可正好晚 1 h 到达，则火车的平均速率是（ ）．

(A) 20 km/h 　(B) 30 km/h

(C) 40 km/h 　(D) 50 km/h

(E) 60 km/h

42. 若 a, b 及 c 表示正整数，根式 $\sqrt{a + \dfrac{b}{c}}$ 及 $a\sqrt{\dfrac{b}{c}}$ 相等当且仅当（ ）．

(A) $a = b = c = 1$ 　(B) $a = b$ 及 $c = 1$

(C) $c = \dfrac{b(a^2 - 1)}{a}$ 　(D) $a = b$ 及 c 为任意值

(E) $a = b$ 及 $c = a - 1$

43. 方程 $y = (x+1)^2$ 与 $xy + y = 1$ 的公解有（ ）．

(A) 3 组实数 　(B) 4 组实数

(C) 4 组虚数 　(D) 2 组实数，2 组虚数

(E)1组实数,2组虚数

44. 如图所示,在圆 O 内引弦 AB,使 BC 等于圆半径,引 CO 且延伸至 D,联结 AO,则 x 与 y 的关系为(　　).

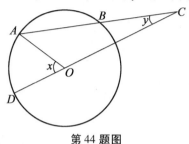

第44题图

(A) $x = 3y$ 　　　　(B) $x = 2y$
(C) $y = x - 60°$ 　　(D) x 与 y 之间无特别关系
(E) $x = 2y$ 或 $x = 3y$ 须视 AB 的长而定

45. 已知一等比数列的首项不等于0,公比不等于0,又有一等差数列的首项等于0,第三个数列由前两个数列对应项相加而得,为 1,1,2,…. 此第三个数列的前10项之和为(　　).
(A)978　(B)557　(C)467　(D)1 068
(E)由已知条件无法确定

46. 直线 $2x + 3y - 6 = 0, 4x - 3y - 6 = 0, x = 2$ 与 $y = \dfrac{2}{3}$ 的图像交于(　　).
(A)6点　(B)1点　(C)2点　(D)无点
(E)无数点

47. 式 $a + bc$ 与 $(a+b)(a+c)$ (　　).
(A)相等　　　　　　(B)绝不相等
(C)当 $a + b + c = 1$ 时相等
(D)当 $a + b + c = 0$ 时相等

(E) 只当 $a=b=c=0$ 时相等

48. 如图所示,已知 △ABC 的中线为 AE,BF,CD. FH 平行且等于 AE,联结 BH 与 HE,延长 FE 交 BH 于 G. 下列叙述中哪一项不一定正确( ).

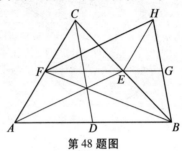

第48题图

(A) ABHF 是平行四边形

(B) HE = EG

(C) BH = DC

(D) $FG = \dfrac{3}{4}AB$

(E) FG 是 △BFH 的中线

49. $y = \dfrac{x^2-4}{x-2}$ 与 $y=2x$ 的图像交于( ).

(A) 一点,其 x 的坐标为 2

(B) 一点,其 x 的坐标为 0

(C) 无点

(D) 两相关点

(E) 两相同点

50. 在双线马路上为了超过 B 车,A 车得超过 B 车且保持车距 30 m,当时 C 车又迎面而来距 A 车 210 m(如图). 若 B,C 各保持原速率 40 m/s,50 m/s 时,为了安全超车,A 必须增加的速率是 (A 车的速率

为 50 m/s)( ).

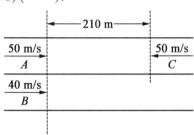

第 50 题图

(A)30 m/s (B)10 m/s (C)5 m/s (D)15 m/s (E)3 m/s

4 答　案

1.(D)   2.(B)   3.(B)   4.(E)   5.(D)   6.(B)
7.(B)   8.(D)   9.(D)   10.(A) 11.(C)
12.(D) 13.(C) 14.(A) 15.(D) 16.(E)
17.(C) 18.(A) 19.(B) 20.(A) 21.(B)
22.(D) 23.(C) 24.(E) 25.(E) 26.(E)
27.(B) 28.(E) 29.(E) 30.(B) 31.(D)
32.(B) 33.(A) 34.(C) 35.(B) 36.(E)
37.(B) 38.(B) 39.(B) 40.(A) 41.(A)
42.(C) 43.(E) 44.(A) 45.(A) 46.(B)
47.(C) 48.(B) 49.(C) 50.(C)

5 1955 年试题解答

1. 观察各项发现,(D),(E)两项不同,再者,(E)与(A),(B),(C)相同. 因 $\frac{3}{8}=0.375$,所以

$$\frac{3}{8} \times 10^{-6} = 0.000\,000\,375$$

答案:(D).

2. 12:25 时实际相差的"分"数是

$$25 - \frac{1}{12} \times 25 = \frac{11}{12} \times 25 = 22\frac{11}{12}$$

1 min 相当于 6°,所以

$$\frac{275}{12} \times 6 = \frac{275}{2} = 137.5° = 137°30'$$

答案:(B).

3. 每个数增加 20,10 个就增加 200,增数 200 的平均值仍然是 20.

答案:(B).

4. 由题意得

$$\frac{1}{x-1} = \frac{2}{x-2}$$

故 $(x-2) = 2(x-1)$

故 $x = 0$

答案:(E).

5. 由题意得

$$y = k\frac{1}{x^2}$$

故当 $y=16, x=1$ 时, $k=16$; 则当 $x=8$ 时
$$y = 16 \times \frac{1}{8^2} = \frac{1}{4}$$

答案:(D).

6. 设数目为 n, 则每个橙子的平均价为
$$\frac{\frac{n}{3} \times 10 + \frac{n}{5} \times 20}{2n} = \frac{5}{3} + 2 = \frac{11}{3}$$

答案:(B).

7. 设原工资为 W, 则实得 $W-20\%W$. 实得工资提高 $x\%$ 后, 又得原工资 W, 所以
$$(W-20\%W)(1+x\%) = W$$

所以 $\qquad 1 + x\% = \dfrac{1}{1-20\%}$

所以
$$x\% = \frac{1}{1-20\%} - 1 = \frac{0.2}{1-0.2} = \frac{0.2}{0.8} = \frac{1}{4} = 25\%$$

答案:(B).

8. 由题意得
$$x^2 - 4y^2 = 0 \Rightarrow (x-2y)(x+2y) = 0$$
即 $x-2y=0, x+2y=0$ 表示两条直线.

答案:(D).

9. 设圆的半径为 r, s 为三角形周长的一半即
$$s = \frac{1}{2}(a+b+c) = \frac{1}{2}(8+15+17) = 20$$

所以
$$r = \sqrt{\frac{(s-a)(s-b)(s-c)}{s}} = \sqrt{\frac{12 \times 5 \times 3}{20}} = 3$$

答案:(D).

10. 停车时间共 mn min, 行驶 a km 历时 $\dfrac{a}{40}$ h. 可见共历时 $\dfrac{a}{40} + \dfrac{mn}{60}$ h.

   答案:(A).

11. 否命题是"没有迟钝的进修生进入此学校"的话是错误的,即"有一些迟钝的进修生进入此学校"之意.

   答案:(C).

12. 由 $\sqrt{5x-1} + \sqrt{x-1} = 2$

   故 $\sqrt{5x-1} = 2 - \sqrt{x-1}$

   平方得

   $$5x - 1 = 4 - 4\sqrt{x-1} + x - 1$$

   故 $1 - x = \sqrt{x-1}$

   平方得 $(1-x)^2 = x - 1$

   所以 $(x-1)(x-1-1) = 0$

   所以 $x = 1$ 或 2. 代入原方程知 $x = 2$ 为增根,故舍去.

   答案:(D).

13. 由题意得

   $$\dfrac{a^{-4} - b^{-4}}{a^{-2} - b^{-2}} = \dfrac{a^{-4}b^{-4}(a^4 - b^4)}{a^{-2}b^{-2}(a^2 - b^2)} = a^{-2}b^{-2}(a^2 + b^2)$$
   $$= b^{-2} + a^{-2}$$

   答案:(C).

14. 设正方形 S 的边长为 s,则矩形 R 的面积为
   $$1.1s \times 0.9s = 0.99s^2$$

   故 $\dfrac{R}{S} = \dfrac{0.99s^2}{s^2} = \dfrac{99}{100}$

   答案:(A).

第 1 章　1955 年试题

15. 设半径之差为 d，则
$$\frac{\pi(r+d)^2}{\pi r^2} = \frac{3}{1}$$

所以 $\dfrac{r+d}{r} = \dfrac{\sqrt{3}}{1}$，所以

$$\frac{d}{r} = \frac{\sqrt{3}-1}{1} = 0.732$$

所以 $d = 0.732r$.
答案：(D).

16. 因 $\dfrac{3}{a+b} = \dfrac{3}{4-4} = \dfrac{3}{0}$.
答案：(E).

17. 由题意得
$$\lg x - 5\lg 3 = -2, \lg \frac{x}{3^5} = -2$$

所以
$$x = 3^5 \times 10^{-2} = 2.43$$

答案：(C).

18. 判别式为零，其根为实数且相等.
答案：(A).

19. 设 α, β 为此两数，则
$$\alpha + \beta = 6 \qquad ①$$
$$|\alpha - \beta| = 8 \qquad ②$$

式①^2 - 式②^2 = $4\alpha\beta = -28$，所以 $\alpha\beta = -7$.
所以，以 α, β 为根的方程为 $x^2 - 6x - 7 = 0$.
答案：(B).

20. 由题意得
$$\sqrt{25 - t^2} + 5 = 0$$

17

此式左边不能等于0.

答案:(A).

21. 设斜边上的高是 h,则
$$\frac{1}{2}c \cdot h = A$$

所以 $h = \frac{2A}{c}$.

答案:(B).

22. 由题意得
$$\$10\,000 \times [(1-0.2)^2(1-0.1) - (1-0.4)(1-0.05)^2] = \$345$$

注:参照1950年22题.

答案:(D).

23. 由题意得
$$[25q + 10d + 5n + c] - [25(q-x) + 10(d+x) + 5(n+x) + (c-x)] = 25x - 10x - 5x + x = 11x$$

答案:(C).

24. 令
$$y = 4x^2 - 12x - 1 = 4(x^2 - 3x + \frac{9}{4}) - 10$$
$$= 4(x - \frac{3}{2})^2 - 10$$

因 $x = \frac{3}{2}$ 时,$y = -10$ 为极小值.

答案:(E).

25. 由题意得
$$x^4 + 2x^2 + 9 = x^4 + 6x^2 + 9 - 4x^2 = (x^2+3)^2 - 4x^2$$
$$= (x^2 + 2x + 3)(x^2 - 2x + 3)$$

答案:(E).

26. 由题意得
$$\$10\ 000(1+10\%)=\$11\ 000$$
为乙买房屋的价格
$$\$10\ 000\times(1+10\%)(1-10\%)=\$9\ 900$$
为甲从乙买回房屋的价格.
故知乙赔
$$\$11\ 000-\$9\ 900=\$1\ 100$$
相对的,甲赚 $\$1\ 100$.
答案:(E).

27. 由题意得
$$\begin{cases} r+s=+p \\ rs=q \end{cases}$$
故 $\quad r^2+s^2=(r+s)^2-2rs=p^2-2q$
答案:(B).

28. 这两个图像关于 y 轴对称,故 $c\neq 0$.
答案:(E).

29. 如题图所示
$$\angle APB=\angle APN+\angle BPR$$
$$=\frac{1}{2}[(a+c-x+c)-a]+$$
$$\frac{1}{2}[(b+d+d)-(b-x)]$$
$$=\frac{1}{2}(2c-x)+\frac{1}{2}(2d+x)=c+d$$
但此答案不见于各项中,故以 $\angle APB$ 的共轭角视之时为
$$360-(c+d)=(180-c)+(180-d)=a+b$$
答案:(E).

30. 由题意得 $3x^2-2=25$,所以 $x^2=9$,所以

由
$$x = \pm 3$$
$$(2x-1)^2 = (x-1)^2$$
所以 $2x-1 = \pm(x-1)$，所以 $x = 0$ 或 $\dfrac{2}{3}$.

由
$$\sqrt{x^2-7} = \sqrt{x-1}$$
所以 $x^2 - 7 = x - 1$，所以 $x^2 - x - 6 = 0$，所以 $x = 3$ 或 -2.

答案：(B).

31. 设平分原 △ABC 且平分其一边 BC 的线段 DE 长为 x，则
$$\dfrac{S_{\triangle BDE}}{S_{\triangle ABC}} = \dfrac{1}{2}$$

即 $\dfrac{x^2}{2^2} = \dfrac{1}{2}$，所以 $x = \sqrt{2}$.

所以梯形的中位线长为 $\dfrac{1}{2}(\sqrt{2}+2)$.

答案：(D).

32. 判别式 $4b^2 - 4ac = 0$，所以 $b^2 - ac = 0$，所以 $b^2 = ac$.

答案：(B).

33. 8 时与 9 时重合的时间是
$$x - \dfrac{1}{12}x = 40$$

所以 $x = \dfrac{12}{11} \times 40 = 43\dfrac{7}{11}$(min)

故知某君的出发时间是上午 $8:43\dfrac{7}{11}$.

2 时与 3 时之间恰成 180° 的时间是
$$x - \dfrac{1}{12}x = 10 + 30$$

所以 $x = \dfrac{12}{11} \times 40 = 43\dfrac{7}{11}(\min)$

所以某君到达终点的时间是下午 $2:43\dfrac{7}{11}$.

答案:(A).

34. 如图所示,外分切线长为

$$\sqrt{(9+3)^2 - (9-3)^2} = 6\sqrt{3}$$

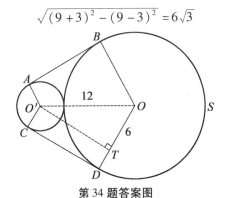

第34题答案图

因在 $Rt\triangle OO'T$ 中

$$OT = \dfrac{1}{2}OO'$$

所以 $\angle O'OT = 60°$,所以

$$\angle AO'C = \angle BOD = 120°$$

所以

$$\overset{\frown}{AC} = \dfrac{120°}{360°}(2\pi \cdot 3) = 2\pi$$

$$\overset{\frown}{BSD} = \dfrac{240°}{360°}(2\pi \cdot 9) = 12\pi$$

可见最短的线由两外公切线与 $\overset{\frown}{AC}$ 及 $\overset{\frown}{BSD}$ 组成,故为

$$2 \times 6\sqrt{3} + 2\pi + 12\pi = 12\sqrt{3} + 14\pi$$

答案:(C).

35. 设石弹总数为 n,则第一人取得 $\frac{n}{2}+1$;第二人取得 $\frac{1}{3}(\frac{n}{2}-1)$;第三人取得 $\frac{2}{3}(\frac{n}{2}-1)$.

第三人取得的个数乃是当然的结果非从属条件之一,故无法确定 n,尚缺一条件.
答案:(B).

36. 如图所示,矩形表面的面积为

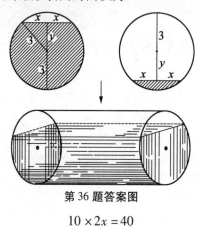

第 36 题答案图

$$10 \times 2x = 40$$

所以
$$x = 2$$
$$y = \sqrt{3^2 - 2^2} = \sqrt{5}$$

所以油深为 $3-\sqrt{5}$ 或 $3+\sqrt{5}$.
答案:(E).

37. 原数为 $100h+10t+u$,次序倒过来的数为 $100u+10t+h$,故

$$100h + 10t + u$$
$$- \underline{100u + 10t + h}$$
$$100(h-u-1) + 90 + (10+u-h)$$

(因 $u < h$ 不能直接减,故得自十位借 10 过来). 已知 $10+u-h=4$,所以 $u-h=-6$,所以 $h-u=6$,所以
$$h-u-1 = 6-1 = 5$$
可见整数减下来的数是 594.
答案:(B).

38. 设 a,b,c,d 为此四整数,则
$$\frac{1}{3}(a+b+c) + d = 29$$
$$\frac{1}{3}(b+c+d) + a = 23$$
$$\frac{1}{3}(a+c+d) + b = 21$$
$$\frac{1}{3}(a+b+d) + c = 17$$

解之得:$a=12, b=9, c=3, d=21$.
答案:(B).

39. 由题意得
$$y = (x + \frac{p}{2})^2 + q - \frac{p^2}{4}$$
当 $x = -\frac{p}{2}$ 时,$y = q - \frac{p^2}{4} = 0$ 最小,所以 $q = \frac{p^2}{4}$.
答案:(B).

40. 令 $\frac{ax+b}{cx+d} \neq \frac{b}{d}$,所以
$$(da-bc)x \neq 0$$
所以 $da \neq bc$ 或 $x \neq 0$. 已知 $b \neq d$ 可见 $a = c \neq 0$,或者

$\dfrac{b}{d} \neq \dfrac{b+x}{d+x}$,当 $x \neq 0$ 时.

答案:(A)

41. 设全程为 d,平均速率为 R,则
$$1 + \dfrac{1}{2} + \dfrac{d-R\cdot 1}{(\dfrac{4}{5})R} = 1 + 1 + \dfrac{80}{R} + \dfrac{1}{2} + \dfrac{d-R\cdot 1-80}{(\dfrac{4}{5})\cdot R}$$

所以 $R = 20$(km/h).

答案:(A).

42. 若
$$\sqrt{a + \dfrac{b}{c}} = a\sqrt{\dfrac{b}{c}}$$

即 $a + \dfrac{b}{c} = a^2 \cdot \dfrac{b}{c}$,所以
$$ca + b = a^2 b$$

所以 $ca = b(a^2 - 1)$,所以 $c = \dfrac{b(a^2 - 1)}{a}$.

答案:(C).

43. 由两方程的最高次数相乘知有 4 组解,但因有公因式 (y) 存在,故解的数目减少了.可见(B),(C),(D)均非其答案,欲确定(A),(E)何者正确,得再进一步研究.两方程相除 $(y \neq 0)$ 得
$$\dfrac{1}{x+1} = (x+1)^2$$

所以
$$(x+1)^3 = 1$$

故此三次方程有 1 个实根,2 个虚根.

答案:(E).

44. 联结 OB,则 $OB = BC$,所以 $\angle AOB = 2y$,又 $OB = OA$,所以 $\angle OAB = \angle ABO$,所以
$$\angle OAB = 2y$$

第 1 章　1955 年试题

所以
$$x = \angle OAC + \angle ACO = 2y + y = 3y$$
答案:(A).

45. 设等比数列为 $a, ar, ar^2, \cdots$, 等差数列为 $0, d, 2d, \cdots$, 两数列的对应项相加, 得
$$a, ar + d, ar^2 + 2d, \cdots$$
所以
$$a = 1, ar + d = 1, ar^2 + 2d = 2$$
所以
$$r + d = 1, r^2 + 2d = 2$$
已知 $r \neq 0$, 所以 $r = 2$, 所以
$$d = -1$$
设 S_1 为等比数列的前 10 项和, S_2 为等差数列的前 10 项和, S 为第三个数列的前 10 项和, 则
$$S_1 = \frac{a(r^n - 1)}{r - 1} = \frac{1(2^{10} - 1)}{2 - 1} = 1\ 023$$
$$S_2 = \frac{n}{2}[0 + (n-1)d] = \frac{10}{2}[0 + 9(-1)] = -45$$
$$S = 1\ 023 + (-45) = 978$$
答案:(A).

46. 由题意得
$$2x + 3y - 6 = 0, 4x - 3y - 6 = 0, x = 2, y = \frac{2}{3}$$
解前两个方程得 $x = 2, y = \frac{2}{3}$, 恰为后两个方程. 可见前两个方程的交点在后两个方程的交点上. 可见这 4 条直线(一次二元方程表示一条直线)交于一点.
答案:(B).

47. 设
$$a + bc = (a + b)(a + c)$$
$$a + bc = a^2 + (b + c)a + bc$$

将上式化简,当 $a \neq 0$ 时,$1 = a + b + c$;当 $a = 0$ 时,
$0 + bc = (0 + b)(0 + c)$,可见恒相等.
答案:(C).

48. (1) AE 平行且等于 FH,故(A)真.
(2) 由(A)得 $EH = AF = FC$,且 $EH // FC$,所以 $CFEH$
是平行四边形,故 $CH // EF // AB$,且 $CH = EF = BD$.
所以 $CDBH$ 是平行四边形,可见(C)真.
(3) 因 $EF = \dfrac{1}{2}AB$,E 是 BC,HD 的平分线的交点.

所以 $EG = \dfrac{1}{2}DB$,所以
$$EF + EG = \dfrac{1}{2}AB + \dfrac{1}{2}DB = \dfrac{3}{4}AB$$

可见(D)真.
(4) 又 G 是 BH 的中点(因为 $FG // BA$),可见(E)真.
(5) 只有(B)未定,仅当 $DH = HB$ 时方成立,但
$\triangle ABC$ 是任意的,即 AC 不一定恒等于 CD.
答案:(B).

49. 消去 y,得 $2x = \dfrac{x^2 - 4}{x - 2} = x + 2$(但 $x \neq 2$). 所以 $x = 2$,
可见不合理,因 $x \neq 2$,否则 y 值不定.
答案:(C).

50. 设 A 车的速率增加为 r,而 d 为 A 车安全超过 B 车
所行驶的距离米数,则 A 车安全超过 B 车时
$$\dfrac{d}{50 + r} = \dfrac{d - 30}{40}$$
同时 A 车又安全"让"过 C 车时
$$\dfrac{d}{50 + r} = \dfrac{210 - d}{50}$$
解以上两方程得 $d = 110 (\text{m})$,$r = 5 (\text{m/s})$.
答案:(C).

1956 年试题

1 第一部分

1. 当 $x=2$ 时,$x+x(x^x)$ 的值为( ).
   (A)10 (B)16 (C)18
   (D)36 (E)64

2. 甲卖出两支烟嘴,每支 \$1.20,以本钱计之,其一得利 20%,另一失利 20%. 此次出售,他( ). (\$1.00 = 100 ¢)
   (A)无所得失 (B)赔 4 ¢ (C)赚 4 ¢
   (D)赔 10 ¢ (E)赚 10 ¢

3. 一光年约为 5 870 000 000 000 km,那么 100 光年约为( ).
   (A)587×10^8 km (B)587×10^{10} km
   (C)587×10^{-10} km (D)587×10^{12} km
   (E)587×10^{-12} km

4. 某人有存款 \$10 000,欲放利. 已知放利 \$4 000 的利率为 5%,放 \$3 500 的利率为 4%. 如每年欲得 \$500 的收入,他必须将余款的利率定为( ).
(A)6%   (B)6.1%   (C)6.2%
(D)6.3%   (E)6.4%

5. 一镍币置于桌上,欲以同样的镍币环绕之,每一镍币均与之相切,且相互间亦相切,共需镍币的数量为( ).
(A)4   (B)5   (C)6
(D)8   (E)12

6. 牛、鸡同群,已知足数为头数的两倍又多14,则牛的数量为( ).
(A)5   (B)7   (C)10
(D)12   (E)14

7. 若方程 $ax^2+bx+c=0$ 的根互为倒数,则( ).
(A)$a=b$ (B)$a=bc$ (C)$c=a$
(D)$c=b$ (E)$c=ab$

8. 若 $8 \times 2^x = 5^{y+8}$,则当 $y=-8$ 时,x 等于多少( ).
(A)-4 (B)-3 (C)0
(D)4   (E)8

9. 化简 $[\sqrt[3]{\sqrt[6]{a^9}}]^4 \cdot [\sqrt[6]{\sqrt[3]{a^9}}]^4$,结果为( ).
(A)a^{16} (B)a^{12} (C)a^8
(D)a^4 (E)a^2

10. 一圆的半径为10 cm,其圆心在等边 $\triangle ABC$ 的顶点 C 处,且圆过此三角形的其他两顶点. 边 AC 自 C 处延长交圆于 D,则 $\angle ADB$ 为( ).
(A)15°   (B)30°   (C)60°
(D)90°   (E)120°

11. 式 $1 - \dfrac{1}{1+\sqrt{3}} + \dfrac{1}{1-\sqrt{3}}$ 等于( ).
(A)$1-\sqrt{3}$ (B)1   (C)$-\sqrt{3}$

(D)$\sqrt{3}$ (E)$1+\sqrt{3}$

12. 若 $x^{-1}-1$ 以 $x-1$ 除之,其商为( ).

(A)1 (B)$\dfrac{1}{x-1}$ (C)$\dfrac{-1}{x-1}$

(D)$\dfrac{1}{x}$ (E)$-\dfrac{1}{x}$

13. 已知两正整数 x 与 y, $x<y$, x 少于 y 的百分比是( ).

(A)$\dfrac{100\%(y-x)}{x}$ (B)$\dfrac{100\%(x-y)}{x}$

(C)$\dfrac{100\%(y-x)}{y}$ (D)$100\%(y-x)$

(E)$100\%(x-y)$

14. 点 A,B 与 C 均在圆 O 上,过点 A 的切线交割线 BC 于点 P,点 B 在 C 与 P 之间,若 $BC=20$, $PA=10\sqrt{3}$,则 PB 等于( ).

(A)5 (B)10 (C)$10\sqrt{3}$

(D)20 (E)30

15. $\dfrac{15}{x^2-4}-\dfrac{2}{x-2}=1$ 的根是( ).

(A)-5 与 3 (B)± 2 (C)只有 2

(D)-3 与 5 (E)只有 3

2 第二部分

16. 三个数之和为 98, 第一个数与第二个数之比为 $\dfrac{2}{3}$,第二个数与第三个数之比为 $\frac{5}{8}$,则第二个数为( ).

(A)15　　(B)20　　(C)30

(D)32　　(E)33

17. 分式 $\frac{5x-11}{2x^2+x-6}$ 是由两分式 $\frac{A}{x+2}$ 与 $\frac{B}{2x-3}$ 相加而得,则 A 与 B 的值必为( ).

(A) $\begin{cases} A=5x \\ B=-11 \end{cases}$　　(B) $\begin{cases} A=-11 \\ B=5x \end{cases}$　　(C) $\begin{cases} A=-1 \\ B=3 \end{cases}$

(D) $\begin{cases} A=3 \\ B=-1 \end{cases}$　　(E) $\begin{cases} A=5 \\ B=-11 \end{cases}$

18. 若 $10^{2y}=25$,则 10^{-y} 等于( ).

(A) $-\frac{1}{5}$　　(B) $\frac{1}{625}$　　(C) $\frac{1}{50}$

(D) $\frac{1}{25}$　　(E) $\frac{1}{5}$

19. 两支蜡烛等高,同时点燃,第一支4 h燃尽,第二支3 h燃尽,假设各蜡烛以一定的速率燃烧,在点燃的几小时后,第一支蜡烛的高度为第二支的2倍( ).

(A) $\frac{3}{4}$ h　　(B) $1\frac{1}{2}$ h　　(C) 2 h

(D) $2\frac{2}{5}$ h　　(E) $2\frac{1}{2}$ h

20. 若 $(0.2)^x=2$,且 $\lg 2=0.3010$,那么 x 至小数第一位的值为( ).

(A) -10.0　　(B) -0.5　　(C) -0.4

(D) -0.2　　(E) 10.0

21. 若两相交直线与双曲线相交而不相切,那么与双曲线的交点的数目可能为( ).

(A)2　　　　(B)2 或 3　　　　(C)2 或 4
(D)3 或 4　　(E)2,3 或 4

22. 某君首次旅行了 50 km,末次旅行了 300 km,已知末次的速率为首次的 3 倍,那么末次时间是首次时间的(　　).

(A)3 倍　　　(B)2 倍　　　　(C)1 倍
(D)0.5 倍　　(E)$\frac{1}{3}$ 倍

23. 在方程 $ax^2 - 2\sqrt{2}x + c = 0$ 中,a, c 是实的定数. 已知其判别式为零,则其根必须(　　).
(A)相等且为整数　　(B)相等且为有理数
(C)相等且为实数　　(D)相等且为无理数
(E)相等且为虚数

24. 如图所示,$AB = AC, \angle BAD = 30°$,且 $AE = AD$,则 x 等于(　　).

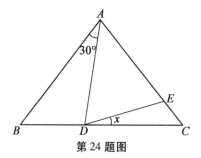

第 24 题图

(A)$7\frac{1}{2}°$　　(B)$10°$　　(C)$12\frac{1}{2}°$
(D)$15°$　　(E)$20°$

25. $2k+1$ 型的数,当 k 自 1 至 n 时的和为(　　).
(A)n^2　　(B)$n(n+1)$　　(C)$n(n+2)$
(D)$(n+1)^2$　　(E)$(n+1)(n+2)$

26. 下列所给条件的组合里,何者不能确定所示的三角形( ).
   (A)底角与顶角;等腰三角形
   (B)顶角与底边;等腰三角形
   (C)外接圆的半径;等边三角形
   (D)一条直角边及内切圆的半径;直角三角形
   (E)两角及其一对边;不等边三角形

27. 若三角形的一角不变,而其夹边均二倍之,则此面积须乘以( ).
   (A)2 (B)3 (C)4
   (D)6 (E)大于6

28. 某君将他所有的财产分配给他的妻子、儿子、女儿及厨师,他的儿子、女儿共获一半的财产,而配得之比为3:4,他的妻子获得他的儿子的财产的2倍. 若厨师收到 $500 的遗产,则所有财产为( ).
   (A) $3 500 (B) $5 500 (C) $6 500
   (D) $7 000 (E) $7 500

29. 依次联结 $xy=12$ 与 $x^2+y^2=25$ 的交点,则所成的图像为( ).
   (A)直线   (B)正三角形
   (C)平行四边形 (D)矩形
   (E)正方形

30. 一等边三角形的高为 $\sqrt{6}$,则其面积为( ).
   (A) $2\sqrt{2}$ (B) $2\sqrt{3}$ (C) $3\sqrt{3}$
   (D) $6\sqrt{2}$ (E)12

31. 我们的数制是以10为底的,若将底变为4,则成1,2,3,10,11,12,13,20,21,22,23,30,…,那么第20个数是( ).

(A)20 (B)38 (C)44
(D)104 (E)110

32. 甲与乙各自游泳池的对端开始作相对的游水,经过1分半钟他们相遇于池中央,假设转方向的时间不计,速率亦不变时,第二次相遇时间在出发后的( ).

(A)3 min (B)$4\frac{1}{2}$ min (C)6 min
(D)$7\frac{1}{2}$ min (E)9 min

33. 数 $\sqrt{2}$ 是( ).
(A)有理分数 (B)有限小数 (C)1.414 21
(D)无限循环小数
(E)无限不循环小数

34. 若 n 为任意整数,$n^2(n^2-1)$ 可被 x 整除,则 x 等于( ).
(A)12 (B)24
(C)12 的任何倍数 (D)$12-n$ (E)12 与 24

35. 一个菱形由一个圆的两条半径及两条弦所组成,此圆的半径为16,则此菱形的面积为( ).
(A)128 (B)$128\sqrt{3}$ (C)256
(D)512 (E)$512\sqrt{3}$

3 第三部分

36. 若 $1+2+3+\cdots+K$ 的和为一完全平方 N^2,且若 N 小于100,则 K 可能的值为( ).
(A)只有1 (B)1 与 8 (C)只有8

(D)8 与 49   (E)1,8 与 49

37. 某固定地产以 400 m 对 $1\frac{1}{2}$ m 的比例表示在图纸上,成一菱形,其中两边的夹角为 60°,对 60° 角的对角线长为 $\frac{3}{16}$ m,那么,地产的面积为(　　).

(A) $\frac{2\,500}{\sqrt{3}}$ m² 　　(B) $\frac{1\,250}{\sqrt{3}}$ m² 　　(C) $1\,250$ m²

(D) $\frac{5\,625\sqrt{3}}{2}$ m² 　　(E) $\frac{10\,000\sqrt{3}}{8}$ m²

38. 在一个直角三角形中,两直角边分别为 a 与 b,斜边为 c,若斜边上的高为 x,则(　　).

(A) $a \cdot b = x^2$ 　　(B) $\frac{1}{a} + \frac{1}{b} = \frac{1}{x}$

(C) $a^2 + b^2 = 2x^2$ 　　(D) $\frac{1}{x^2} = \frac{1}{a^2} + \frac{1}{b^2}$ 　　(E) $\frac{1}{x} = \frac{b}{a}$

39. 直角三角形的斜边 c 及其一直角边 a 是连续整数,则另一直角边的平方为(　　).

(A) ca 　　(B) $\frac{c}{a}$ 　　(C) $c + a$

(D) $c = a$ 　　(E) 非上述的答案

40. 若 $V = gt + V_0$ 且 $S = \frac{1}{2}gt^2 + V_0 t$,则 t 等于(　　).

(A) $\frac{2S}{V + V_0}$ 　　(B) $\frac{2S}{V - V_0}$ 　　(C) $\frac{2S}{V_0 - V}$

(D) $\frac{2S}{V}$ 　　(E) $2S - V$

41. 当 $y = 2x$ 时可满足方程 $3y^2 + y + 4 = 2(6x^2 + y + 2)$,则 x 的值(　　).

(A) 没有　　(B) 所有的数　　(C) 仅有 0

(D)仅有整数 (E)仅有有理数

42. 方程 $\sqrt{x+4}-\sqrt{x-3}+1=0$ ( ).
   (A)无根 (B)有一个实根
   (C)有一个实根与一个虚根
   (D)有两个虚根 (E)有两个实根

43. 一个不等边三角形,其各边长为整数,周长小于13,则这种三角形的个数有( ).
   (A)1 (B)2 (C)3
   (D)4 (E)18

44. 若 $x<a<0$,则( ).
   (A)$x^2<ax<0$ (B)$x^2>ax>a^2$
   (C)$x^2<a^2$ (D)$x^2>ax$,但 $ax<0$
   (E)$x^2>a^2$,但 $a^2<0$

45. 一个轮胎有橡皮外胎,其外直径为 25 cm,当半径减少 $\frac{1}{4}$ cm 时,行驶 1 km 内轮转的次数将( ).
   (A)增加约 2% (B)增加约 1%
   (C)增加约 20% (D)增加 0.5% (E)保持不变

46. 当 N 是正数时,对于方程 $\dfrac{1+x}{1-x}=\dfrac{N+1}{N}$,$x$ 可有( ).
   (A)任何小于 1 的正值
   (B)任何小于 1 的值
   (C)只有零值 (D)任何非负值 (E)任何值

47. 一位工程师估计应用某型机器可以在 3 天内完成一项工程. 然而,若此机器再增加 3 台,则工程 2 天内可完成. 设机器均以相同速率工作,那么一台机器工作时需几天方可完成此工程( ).
   (A)6 (B)12 (C)15

(D)18 (E)36

48. 若 p 为正整数,则 $\dfrac{3p+25}{2p-5}$ 可能为正整数当且仅当 p
( ).

(A)至少 3 (B)至少 3 且不多于 35
(C)不多于 35 (D)等于 35
(E)等于 3 或 35

49. $\triangle PAB$ 由切于圆 O 的三条切线组成,且 $\angle APB =$ 40°,则 $\angle AOB$ 等于( ).

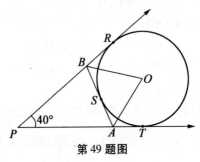

第49题图

(A)45° (B)50° (C)55°
(D)60° (E)70°

50. 在 $\triangle ABC$ 中, $CA = CB$,以 $\triangle ABC$ 的边 BC 向外侧作正方形 $BCDE$,若 $\angle DAB$ 的度数为 x,则( ).

(A) x 视 $\triangle ABC$ 而定
(B) x 与此三角形无关
(C) x 可等于 $\angle CAD$
(D) x 不可能等于 $\angle CAB$
(E) x 大于 45°且小于 90°

4 答案

1.（A） 2.（D） 3.（D） 4.（E） 5.（C） 6.（B）
7.（C） 8.（B） 9.（D） 10.（B） 11.（A）
12.（E） 13.（C） 14.（B） 15.（A） 16.（C）
17.（D） 18.（E） 19.（D） 20.（C） 21.（E）
22.（B） 23.（C） 24.（D） 25.（C） 26.（A）
27.（C） 28.（D） 29.（D） 30.（B） 31.（E）
32.（B） 33.（E） 34.（A） 35.（B） 36.（E）
37.（E） 38.（D） 39.（C） 40.（A） 41.（C）
42.（A） 43.（C） 44.（B） 45.（A） 46.（A）
47.（D） 48.（B） 49.（E） 50.（B）

5 1956年试题解答

1. 由题意得
$$2+2(2^2)=2+2\times 4=10$$
答案：(A)．

2. 设两支烟嘴的本钱各为 C_1, C_2，售价各为 S_1, S_2，则由题意知
$$S_1=C_1+\frac{1}{5}C_1, S_2=C_2-\frac{1}{5}C_2, S_1=S_2$$
所以
$$C_1=\frac{5}{6}S_1, C_2=\frac{5}{4}S_2$$

$$C_1 + C_2 = \frac{5}{6}S_1 + \frac{5}{4}S_2 = (\frac{5}{6} + \frac{5}{4}) \times 1.2$$
$$= \frac{25}{12} \times 1.2 = 2.5$$

又因为 $S_1 + S_2 = 2.4$

可见赔了 10 ℓ(因 \$ = 100 ℓ).

答案:(D).

3. 由题意得
$$5\,870\,000\,000\,000 \times 100 = 587\,000\,000\,000\,000(\mathrm{km})$$
$$= 587 \times 10^{12}(\mathrm{km})$$

答案:(D).

4. 由题意得
$$4\,000 \times 5\% + 3\,500 \times 4\% + 2\,500 \times (x\%) = 500$$
所以 $25 \cdot x = 160$,所以 $x = 6.4$.

答案:(E).

5. 此可比照正六边形来作为思考的依据:因相互间均相切,且镍币均同,故成如图所示的形状.

第5题答案图

答案:(C).

6. 设牛、鸡的数量各为 n_1, n_2. 由题意知
$$4n_1 + 2n_2 = 2(n_1 + n_2) + 14$$

所以 $2n_1 = 14$，所以 $n_1 = 7$.

答案：(B).

7. 设方程的两根为 α, β，有

$$\alpha\beta = \frac{c}{a}$$

兹因 $\alpha = \frac{1}{\beta}$，所以 $\alpha\beta = 1$，所以 $\frac{c}{a} = 1$，所以 $a = c$.

答案：(C).

8. 由题意得

$$8 \times 2^x = 5^{-8+8} = 5^0 = 1$$

所以 $2^x = \frac{1}{8} = \frac{1}{2^3} = 2^{-3}$，所以 $x = -3$.

答案：(B).

9. 由题意得

$$[\sqrt[3]{\sqrt[6]{a^9}}]^4 \cdot [\sqrt[6]{\sqrt[3]{a^9}}]^4 = \{[(a^9)^{\frac{1}{6}}]^{\frac{1}{3}}\}^4 \cdot \{[(a^9)^{\frac{1}{3}}]^{\frac{1}{6}}\}^4$$
$$= a^2 \cdot a^2 = a^4$$

答案：(D).

10. 如图所示，有

$$\angle ADB = \frac{1}{2}\angle ACB = \frac{1}{2} \times 60° = 30°$$

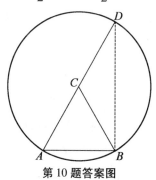

第10题答案图

答案:(B).

11. 由题意得

$$1-\frac{1}{1+\sqrt{3}}+\frac{1}{1-\sqrt{3}}=1-(\frac{1}{1+\sqrt{3}}-\frac{1}{1-\sqrt{3}})$$

$$=1-\frac{-2\sqrt{3}}{1-(\sqrt{3})^2}$$

$$=\frac{2-2\sqrt{3}}{2}$$

$$=1-\sqrt{3}$$

答案:(A).

12. 由题意得

$$x^{-1}-1=x^{-1}(1-x)=-x^{-1}(x-1)$$

答案:(E).

13. 由题意得

$$\frac{y-x}{y}\times 100\%$$

答案:(C).

14. 如图所示,因为

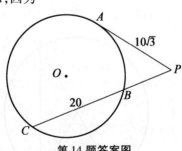

第 14 题答案图

$$PA^2=PB\cdot PC$$

故 $$(10\sqrt{3})^2=PB\cdot(PB+20)$$

即
$$PB^2 + 20PB - 300 = 0$$
所以 $PB = 10$.

答案:(B).

15. 由题意得
$$\frac{15}{x^2-4} - \frac{2}{x-2} = 1, \frac{15-2(x+2)}{x^2-4} = 1$$

整理得
$$x^2 - 4 + 2(x+2) - 15 = 0, x^2 + 2x - 15 = 0$$

所以 $x = 3$ 或 -5.

答案:(A).

16. 设三个数分别为 x, y, z,则
$$x + y + z = 98$$

由题意 $\frac{x}{y} = \frac{2}{3}$,所以
$$x = \frac{2}{3}y$$

由题意 $\frac{y}{z} = \frac{5}{8}$,所以
$$y = \frac{5}{8}z, z = \frac{8}{5}y$$

$$\frac{2}{3}y + y + \frac{8}{5}y = 98$$

所以 $y = \frac{15}{49} \times 98 = 30$.

答案:(C).

17. 由题意得
$$\frac{5x-11}{2x^2+x-6} = \frac{5x-11}{(2x-3)(x+2)} = \frac{A}{x+2} + \frac{B}{2x-3}$$

$$=\frac{A(2x-3)+B(x+2)}{(x+2)(2x-3)}$$

故

$$5x-11 = A(2x-3)+B(x+2)$$
$$= (2A+B)x+(2B-3A)$$

所以 $2A+B=5, 2B-3A=-11, 7A=21$,所以 $A=3, B=-1$.

答案:(D).

18. 由题意得

$$10^{2y}=25, (10^y)^2=5^2$$

所以 $10^y=5$,所以 $10^{-y}=5^{-1}$.

答案:(E).

19. 蜡烛有粗、细之分,故消耗时间有长、短之别,设蜡烛的高度同为 H, x 小时后,高度恰成 $2:1$,则

$$1-\frac{x}{4}=2(1-\frac{x}{3})$$

所以 $x=2\frac{2}{5}$(h).

答案:(D).

20. 由题意得

$$(0.2)^x=2, \lg 0.2^x=\lg 2$$

所以

$$x(\lg 2-1)=\lg 2$$

所以

$$x=\frac{\lg 2}{\lg 2-1}=\frac{0.301\ 0}{0.301\ 0-1}=\frac{0.301\ 0}{-0.699\ 0}=-0.4\cdots$$

答案:(C).

21. 由渐近线的性质推想,每一直线可交双曲线于 1 或 2 点,或由作图考虑实际交点亦可得.

42

答案:(E).

22. 设 t 为首次旅行所花费的时间,则首次旅行的速率为 $\dfrac{50}{t}$;末次旅行的速率为 $\dfrac{50}{t}\times 3$,所需时间为 $\dfrac{300}{\dfrac{50}{t}\times 3}=2t$. 所以 $\dfrac{2t}{t}=2$.

答案:(B).

23. 因方程的系数非皆有理数,故其根虽相等,却不一定是有理数,但也不一定是无理数(如当 $a=\sqrt{2}$ 时).

答案:(C).

24. 由题意得

$$\angle x = \dfrac{1}{2}(\angle ADC - \angle C)$$
$$= \dfrac{1}{2}[(\angle B + \angle BAD) - \angle C] \text{(因为} \angle B = \angle C\text{)}$$
$$= \dfrac{1}{2}\angle BAD = 15°.$$

答案:(D).

25. 由题意得

$$3+5+7+\cdots+2n+1 = \dfrac{n}{2}[2\times 3 + (n-1)2]$$
$$= n(n+2)$$

答案:(C).

26. 考虑各项如下:

(A)已知底角及顶角即可确定等腰三角形的形状但非大小.

(B)已知顶角及一底边,则可确定等腰三角形的大小及形状.

(C) 已知外接圆的半径,即知此等边三角形的高,即可确定等边三角形的一边,故可确定此等边三角形.

(D) 设 a, r 为已知的一条直角边及内切圆半径,且设其他两边为 x, y,则 $x^2 = y^2 + a^2, x - y = a - 2r$. 所以 x, y 均可确定,可见此叙述为真.

(E) 两角及其一对边亦可确定一三角形(包括大小及形状).

答案:(A).

27. 由定理,两三角形若有一角相等时,其面积之比等于其等角两夹边乘积之比.

答案:(C).

28. 设财产共有 \$$x$,儿子所得为 \$$\dfrac{3}{3+4} \times \dfrac{x}{2}$,则由厨师所得知

$$x - \dfrac{x}{2} - 2 \times \dfrac{3}{7} \times \dfrac{x}{2} = 500$$

故

$$x\left(1 - \dfrac{1}{2} - \dfrac{3}{7}\right) = 500$$

所以

$$x \times \dfrac{1}{14} = 500, x = 7\,000$$

答案:(D).

29. 由题意有

$$\begin{cases} xy = 12 \\ x^2 + y^2 = 25 \end{cases}$$

设 $x = y$,则 $x^2 = 12 < 25$,可见,共有 4 个交点.

因 $xy=12$ 是等轴双曲线而 $x^2+y^2=25$ 是圆,故四交点必成一矩形,一定关于 $x=y$ 对称.或利用解析几何的性质,亦可得到.

答案:(D).

30. 设等边三角形的边长为 s,高为 h,则
$$h=\frac{\sqrt{3}}{2}s, s=2\sqrt{2}$$
所以
$$\frac{1}{2}\times s\times h=\frac{1}{2}\times 2\sqrt{2}\times\sqrt{6}=2\sqrt{3}$$
答案:(B).

31. 由题意有
$$20\div 4=5\cdots\cdots 0, 5\div 4=1\cdots\cdots 1$$
所以
$$20=1\times 4^2+1\times 4+0$$
答案:(E).

32. 因相遇在池中央,可见两人速率相等,再相遇时须多游去回两程,故时间多原先的两倍,故
$$1\frac{1}{2}\times 3=4\frac{1}{2}(\min)$$
答案:(B).

33. 由无理数的性质可断定(E)是答案.
有理数可表示成两个整数之比或者循环小数.
答案:(E).

34. 取 $n=2$ 时,$n^2(n^2-1)=12$,可见(B),(C),(D),(E)均不成立.
答案:(A).

35. 如图所示,即知菱形的面积为

$$8\sqrt{3} \times 16 = 128\sqrt{3}$$

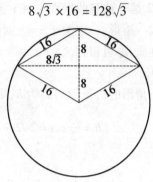

第35题答案图

答案:(B).

36. 由题意有

$$1 + 2 + 3 + \cdots + K = \frac{K(K+1)}{2}$$

又因 $\frac{K(K+1)}{2} = N^2$,所以

$$K^2 + K - 2N^2 = 0$$

今检验选择的各项如下:

当 $K = 1$ 时,$\frac{1 \times 2}{2} = 1 = 1^2$;

当 $K = 8$ 时,$\frac{8 \times 9}{2} = 36 = 6^2$;

当 $K = 49$ 时,$\frac{49 \times 50}{2} = (7 \times 5)^2 = 35^2$.

答案:(E).

37. 因长 $\frac{3}{16}$ m 的对角线所对的角是 60°,可见菱形每边的长为 $\frac{3}{16}$ m,故面积为

$$\frac{1}{2} \times \frac{3}{16} \times (\frac{\sqrt{3}}{2} \times \frac{3}{16}) \times 2 = \frac{9\sqrt{3}}{512} \ (\text{m}^2)$$

$$(400)^2 : (1\frac{1}{2})^2 = x : (\frac{9\sqrt{3}}{512}) \ (\text{m}^2)$$

所以

$$x = \frac{(400)^2 \times \frac{9\sqrt{3}}{512}}{\frac{9}{4}} = \frac{10\ 000\sqrt{3}}{8}$$

答案:(E).

38. 因

$$x \cdot c = a \cdot b$$

则

$$x^2 \cdot c^2 = a^2 \cdot b^2$$

所以 $\frac{c^2}{a^2 \cdot b^2} = \frac{1}{x^2}$,即 $\frac{a^2 + b^2}{a^2 \cdot b^2} = \frac{1}{x^2}$.

答案:(D).

39. 设 $c = n+1, a = n$,则

$$(n+1)^2 - n^2 = 2n+1 = n+(n+1) = a+c$$

答案:(C).

40. 看各选项可知,独缺"g",故由已知两式消去 g 即可

$$g = \frac{V - V_0}{t}, g = \frac{2(S - V_0 t)}{t^2}$$

所以

$$\frac{V - V_0}{t} = \frac{2(S - V_0 t)}{t^2}, t = \frac{2S}{V + V_0}$$

答案:(A).

41. 将 $y = 2x$ 代入

$$3y^2 + y + 4 = 2(6x^2 + y + 2)$$

有 $$12x^2 + 2x + 4 = 2(6x^2 + 2x + 2)$$

所以 $2x = 0$，所以 $x = 0$.

答案：(C).

42. 由题意得
$$\sqrt{x+4} + 1 = \sqrt{x-3}$$

上式两端平方
$$x + 4 + 1 + 2\sqrt{x+4} = x - 3$$

故 $$8 + 2\sqrt{x+4} = 0$$

观察上式左边即知上式绝不能成立(左边大于0).

答案：(A).

43. 设 x, y, z 为任意三角形的三边，则

$$\begin{cases} x + y + z < 13 & ① \\ x + y > z & ② \\ x + z > y & ③ \\ y + z > x & ④ \end{cases}$$

因 x, y, z 为整数，所以
$$x + y + z \leqslant 12$$

设 z 为最大的边，所以 $2z < 12$（将式②代入），得 $z < 6$. 又 z 不可小于 4，因若 $z = 3$，则其他两边必然为 1, 2，则 $1 + 2 = 3$ 不能构成三角形，所以

$$4 \leqslant z < 6$$

故有

$$\begin{cases} x = 2 \\ y = 3 \\ z = 4 \end{cases}, \begin{cases} x = 3 \\ y = 4 \\ z = 5 \end{cases}, \begin{cases} x = 2 \\ y = 4 \\ z = 5 \end{cases}$$

因三边的位置没有规定，故上述三种情况为所求.

答案：(C).

44. 因为 $x<a<0, x<0$,所以 $x^2>ax>0$,又因 $a<0$, $ax>a^2>0$,则有 $x^2>ax>a^2$.

答案:(B).

45. 论轮胎的半径为 r,N_1 为内轮半径未减少行驶 1 km 所转的次数,N_2 为内轮半径减少 $\frac{1}{4}$ cm 行驶 1 km 所转的次数,则

$$N_1=\frac{1}{2\pi r}, N_2=\frac{1}{2\pi(r-\frac{1}{4})}$$

$$N_2-N_1=\frac{1}{2\pi}\times\frac{\frac{1}{4}}{r(r-\frac{1}{4})}$$

所以

$$\frac{N_2-N_1}{N_1}=\frac{\frac{1}{4}}{r-\frac{1}{4}}=\frac{\frac{1}{4}}{\frac{25}{2}-\frac{1}{4}}=\frac{1}{49}\approx 2\%$$

答案:(A).

46. 由题意得

$$\frac{1+x}{1-x}=\frac{N+1}{N}, \frac{1}{x}=\frac{2N+1}{1}$$

所以 $x=\frac{1}{2N+1}$.

答案:(A).

47. 解法一:x 台机器 1 天能做 $\frac{1}{3}$ 的工程,$x+3$ 台时一天能做 $\frac{1}{2}$ 的工程,所以 3 台机器 1 天能做 $\frac{1}{2}-\frac{1}{3}=$

$\frac{1}{6}$ 的工程. 所以 1 台机器 1 天能做 $\frac{1}{6} \times \frac{1}{3} = \frac{1}{18}$ 的工程. 所以 1 台机器完成一项工程需 18 天.

解法二: $\frac{x+3}{x} = \frac{3}{2}$, 所以 $x=6$. 所以 6 台机器 1 天做 $\frac{1}{3}$ 的工程, 所以 1 台机器 1 天做 $\frac{1}{18}$ 的工程.

答案: (D).

48. 设 $(3p+25)/(2p-5) = n, n$ 为一个正整数, 所以设
$$3p+25 = kn, 2p-5 = k$$
消去 p 得
$$k(2n-3) = 65 = 1 \times 65 = 5 \times 13$$
所以 $k = 1, 65, 5$ 或 13 时
$$2n-3 = 65, 1, 13 \text{ 或 } 5$$
依次对应
$$2p = 5+1, 5+65, 5+5, \text{ 或 } 5+13$$
所以 $p = 3, 35, 5$ 或 9.

答案: (B).

49. 如图所示, 由 $\angle APB = 40°$, 所以

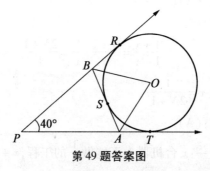

第49题答案图

$\angle PAB + \angle PBA = 180° - 40° = 140°$
$\angle TAS = 180° - \angle PAB, \angle RBS = 180° - \angle PBA$

$\angle TAS + \angle RBS = 360° - 140° = 220°$

因 OA 和 OB 平分 $\angle TAS$ 和 $\angle RBS$，所以

$$\angle OAS + \angle OBS = \frac{1}{2}(220°) = 110°$$

$$\angle AOB = 180° - 110° = 70°$$

答案：(E).

50. 由题意

$$\angle ACB = 180° - 2\angle A$$

（因为 $CA = CD$），所以

$$\angle CAD = \frac{1}{2}\left[180° - (\angle ACB + 90°)\right]$$

$$= 45° - \frac{1}{2}\angle ACB$$

$$= 45° - \frac{1}{2} \times 180° + \angle A$$

$$= \angle A - 45°$$

但 $\angle CAD = \angle A - x$（如图），所以 $x = 45°$.

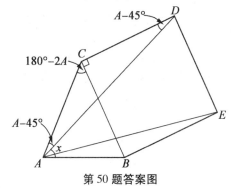

第 50 题答案图

答案：(B).

1957 年试题

1 第一部分

1. 一个等腰而非等边的三角形,其角平分线、中线及高线共有( ).
   (A)9条   (B)7条   (C)6条
   (D)5条   (E)3条

2. 方程 $2x^2 - hx + 2k = 0$ 的两根之和为 4,两根之积为 -3,则 h 与 k 的值各为( ).
   (A)8 与 -6 (B)4 与 -3 (C)-3 与 4
   (D)-3 与 8 (E)8 与 -3

3. $1 - \dfrac{1}{1 + \dfrac{a}{1-a}}$ 的最简形式为( ).
   (A)a,若 $a \neq 0$ (B)1
   (C)a,若 $a \neq -1$ (D)$1-a$,a 无限制
   (E)a,若 $a \neq 1$

4. 利用型 $a(b+c) = ab + ac$ 的分配性质求 $(3x+2)(x-5)$ 的第一步是( ).

(A) $3x^2 - 13x - 10$

(B) $3x(x-5) + 2(x-5)$

(C) $(3x+2)x + (3x+2)(-5)$

(D) $3x^2 - 17x - 10$

(E) $3x^2 + 2x - 15x - 10$

5. 由对数定理，$\log\dfrac{a}{b} + \log\dfrac{b}{c} + \log\dfrac{c}{d} - \log\dfrac{ay}{dx}$ 可化成 (　　).

(A) $\log\dfrac{y}{x}$　　(B) $\log\dfrac{x}{y}$　　(C) 1　　(D) 0

(E) $\log\dfrac{a^2 y}{d^2 x}$

6. 一个开盒由 14 cm × 10 cm 的金属矩形片组成，在每个顶角处切去一个边为 x cm 的正方形，问此盒的体积为(　　).

(A) $140x - 48x^2 + 4x^3$　　(B) $140x + 48x^2 + 4x^3$

(C) $140x + 24x^2 + x^3$　　(D) $140x - 24x^2 + x^3$

(E) 非上述的答案

7. 内切于一个等边三角形的圆，若面积已知为 48π，则此三角形的周长为(　　).

(A) $72\sqrt{3}$　　(B) $48\sqrt{3}$　　(C) 36　　(D) 24

(E) 72

8. 数 x, y, z 之比为 2∶3∶5，它们的和为 100，且 $y = ax - 10$，则 a 等于(　　).

(A) 2　　(B) $\dfrac{3}{2}$　　(C) 3　　(D) $\dfrac{5}{2}$

(E) 4

9. 当 $x = 2, y = -2$ 时，$x - y^{x-y}$ 的值为(　　).

(A)-18　　(B)-14　　(C)14　(D)18
(E)256

10. $y=2x^2+4x+3$ 的图像有(　　).
    (A)最低点在$(-1,9)$处　(B)最低点在$(1,1)$处
    (C)最低点在$(-1,1)$处　(D)最高点在$(-1,9)$处
    (E)最高点在$(-1,1)$处

11. 时钟在 2:15 的两针夹角为(　　).
    (A)$30°$　　　　　　　　(B)$27.5°$
    (C)$157.5°$　　　　　　(D)$172.5°$
    (E)非上述的答案

12. 在比较 10^{-49} 与 2×10^{-50} 的大小时,我们可得(　　).
    (A)前者比后者大 8×10^{-1}
    (B)前者比后者大 2×10^{-1}
    (C)前者比后者大 8×10^{-50}
    (D)后者是前者的 5 倍
    (E)前者比后者大 5

13. 介于 $\sqrt{2}$ 与 $\sqrt{3}$ 之间的有理数是(　　).
    (A)$\dfrac{\sqrt{2}+\sqrt{3}}{2}$　　　　(B)$\dfrac{\sqrt{2}\times\sqrt{3}}{2}$
    (C)1.5　(D)1.8　(E)1.4

14. 若 $y=\sqrt{x^2-2x+1}+\sqrt{x^2+2x+1}$,则 y 为(　　).
    (A)$2x$　　(B)$2(x+1)$　　(C)0
    (D)$|x-1|+|x+1|$　　(E)非上述的答案

15. 如表 1 所示,为一球自一斜面滚下 t s 内所行的距离 s 的米数.当 $t=2.5$ s 时,距离 s 为(　　).

第3章 1957年试题

表1

t	0	1	2	3	4	5
s	0	10	40	90	160	250

(A) 45　　(B) 62.5　　(C) 70　　(D) 75
(E) 82.5

2 第二部分

16. 金鱼以每尾 15 ₡ 出售. 如在直角坐标系中表示金鱼1尾至12尾的价格的图像为(　　).
    (A) 一条直线线段
    (B) 一组水平直线线段
    (C) 一组垂直(于水平)直线线段
    (D) 一组定数的相异点
    (E) 一条直线

17. 由12条3 cm长的铁线焊成一个立方体,一只苍蝇先停在一个顶点上,然后沿铁线爬行,若不回头也没有重复爬行,则爬回到原落脚处,所走的最大距离是(　　).
    (A) 24 cm　　　　(B) 12 cm
    (C) 30 cm　　　　(D) 18 cm
    (E) 36 cm

18. 如图所示,圆 O 的直径 AB 与 CD 互相垂直,AM 是任意弦,交 CD 于点 P,则 $AP \cdot AM$ 等于(　　).

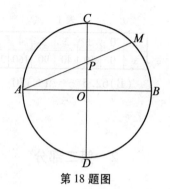

第18题图

(A) $AO \cdot OB$ (B) $AO \cdot AB$
(C) $CP \cdot CD$ (D) $CP \cdot PD$
(E) $CO \cdot OP$

19. 十进位数系的底是10,例如:$123 = 1 \times 10^2 + 2 \times 10 + 3$. 在 2 进位数系(以 2 为底)的前 5 个正整数是 1,10,11,100,101. 试问在 2 进位数系中的数字 10 011 在十进位系中将为( ).

(A) 19   (B) 40   (C) 10 011
(D) 11   (E) 7

20. 某人驾车旅行,平均速率是 50 km/h,回程是原路,平均速率却是 45km/h,整个旅程的平均速率是( ).

(A) $47\dfrac{7}{19}$ km/h   (B) $47\dfrac{1}{4}$ km/h

(C) $47\dfrac{1}{2}$ km/h   (D) $47\dfrac{11}{19}$ km/h

(E) 非上述的答案

21. 从定理"若三角形的两个角相等,则此三角形为等腰三角形"开始,且有下列四叙述:
(1) 若三角形的两个角不相等,则此三角形非等腰

三角形.

(2)若三角形是等腰三角形,则此三角形的两个角相等.

(3)若三角形不是等腰三角形,则其两角不相等.

(4)三角形的两角相等的必要条件是此三角形是等腰三角形.

哪些叙述的组合在逻辑上同值于所给的定理( ).

(A)(1),(2),(3),(4)　　(B)(1),(2),(3)

(C)(2),(3),(4)　　　　(D)(1),(2)

(E)(3),(4)

22. 若$\sqrt{x-1}-\sqrt{x+1}+1=0$,则$4x$等于( ).

(A)5　　(B)$4\sqrt{-1}$　　(C)0　　(D)$1\frac{1}{4}$

(E)无实数值

23. $x^2+y=10$与$x+y=10$的图像相交于两点,此两点的距离是( ).

(A)小于1　(B)1　(C)$\sqrt{2}$　(D)2

(E)大于2

24. 若某个两位数的平方减去其个位数与十位数位置互换后所形成的数的平方时,其结果不能为何者所整除( ).

(A)9

(B)个位数与十位数的乘积

(C)个位数与十位数的和

(D)个位数与十位数的差

(E)11

25. $\triangle PQR$的顶点的坐标如下:$P(0,a),Q(b,0),R(c,d)$,其中a,b,c,d是正的,原点与点R在PQ的反

侧,△PQR 的面积可表示为( ).

(A) $\dfrac{ab+ac+bc+cd}{2}$ (B) $\dfrac{ac+bd-ab}{2}$

(C) $\dfrac{ab-ac-bd}{2}$ (D) $\dfrac{ac+bd+ab}{2}$

(E) $\dfrac{ac+bd-ab-cd}{2}$

26. 自三角形内一点引至三个顶点的线段,分三角形成三个面积相等的小三角形,其充要条件是该点须为( ).

(A)内切圆的圆心   (B)外接圆的圆心
(C)使对该点所形成的三角各为120°
(D)三条高的交点   (E)三条中线的交点

27. 方程 $x^2+px+q=0$ 的两根的倒数之和为( ).

(A) $-\dfrac{p}{q}$ (B) $\dfrac{q}{p}$ (C) $\dfrac{p}{q}$ (D) $-\dfrac{q}{p}$

(E) pq

28. 若 a 与 b 均正,且 $a\neq 1, b\neq 1$,则 $b^{\log_b a}$ 的值( ).

(A)与 b 有关   (B)与 a 有关
(C)与 a,b 有关   (D)0
(E)1

29. $x^2(x^2-1)\geq 0$ 成立当且仅当( ).

(A) $x\geq 1$ (B) $-1\leq x\leq 1$
(C) $x=0, x=1, x=-1$
(D) $x=0, x\leq -1, x\geq 1$
(E) $x\geq 0$

30. 已知前 n 个正整数的平方和可以用 $\dfrac{n(n+c)(2n+k)}{6}$ 表示,其中 c 与 k 各为( ).

(A)1 与 2 (B)3 与 5 (C)2 与 2 (D)1 与 1
(E)2 与 1

31. 由一个正方形的各顶端截去相等的等腰直角三角形而得一个正八边形,若正方形的一边长为一个单位,则这些三角形的每一条直角边长为( ).

(A)$\dfrac{2+\sqrt{2}}{3}$　　　　(B)$\dfrac{2-\sqrt{2}}{2}$

(C)$\dfrac{1+\sqrt{2}}{2}$　　　　(D)$\dfrac{1+\sqrt{2}}{3}$

(E)$\dfrac{2-\sqrt{2}}{3}$

32. 数列 $1^5-1, 2^5-2, 3^5-3, \cdots, n^5-n, \cdots$,在下列的整数中,能整除上面数列的每一项的最大者为( ).

(A)1　　(B)60　　(C)15　　(D)120
(E)30

33. 若 $9^{x+2}=240+9^x$,则 x 的值为( ).
(A)0.1　(B)0.2　(C)0.3　(D)0.4
(E)0.5

34. 满足 $x+y=1, x^2+y^2<25$ 的点组成下列的哪个集合( ).

(A)只有两点　　　　(B)圆弧
(C)一条线段不含两端点　(D)一条线段含两端点
(E)仅一点

35. 如图所示,Rt△ABC 的边 AC 分成 8 等份,自各等分点引平行 BC 的线段 7 条,若 $BC=10$,则 7 条线段的长的和为( ).

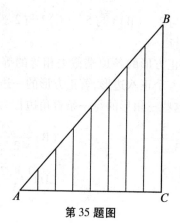

第35题图

(A)不可能从这些数据求得
(B)33　　　(C)34　　　(D)35　　　(E)45

3　第三部分

36. 若 $x+y=1$,则 xy 的最大值为(　　).
　　(A)1　　　　　　　　(B)0.5
　　(C)约为0.4的无理数　　(D)0.25　(E)0

37. 如图所示,在 Rt$\triangle ABC$ 中,$BC=5$,$AC=12$,$AM=x$,$MN\perp AC$,$NP\perp BC$,点 N 在 AB 上,若 $y=MN+NP$ 为矩形 $MCPN$ 的半周长,则(　　).

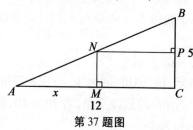

第37题图

$(A) y = \dfrac{1}{2}(5+12)$ $(B) y = \dfrac{5x}{12} + \dfrac{12}{5}$

$(C) y = \dfrac{144-7x}{12}$ $(D) y = 12$

$(E) y = \dfrac{5x}{12} + 6$

38. 自某两位数 N 减去其个位数与十位数互换位置后的数,所得的结果为完全正立方数,则(   ).
 (A) N 不可以 5 为结尾
 (B) 除 5 外,N 可以任何数字来结尾
 (C) N 不存在   (D) N 恰有 7 个值
 (E) N 恰有 10 个值

39. 两人同时各至 M,N(相距 72 km)相向而行,第一个人以 4 km/h 的速率步行,第二人第一小时步行 2 km,第二小时步行 $2\dfrac{1}{2}$ km,第三小时步行 3 km,……步行千米数成等差级数,那么两人将相遇于(   ).
 (A) 7 小时内 (B) $8\dfrac{1}{4}$ 小时内 (C) 较 M 近
 (D) 较 N 近   (E) 在 M 与 N 的中间

40. 若抛物线 $y = -x^2 + bx - 8$ 的顶点在 x 轴上,则 b 应为(   ).
 (A) 正整数
 (B) 正或负的有理数
 (C) 正有理数
 (D) 正或负的无理数
 (E) 负无理数

41. 若已知方程组 $\begin{cases} ax + (a-1)y = 1 \\ (a+1)x - ay = 1 \end{cases}$,此方程组无解时

a 的值为( ).

(A)1 　　(B)0 　　(C)-1 　　(D)$\dfrac{\pm\sqrt{2}}{2}$

(E)$\pm\sqrt{2}$

42. 若 $S = i^n + i^{-n}$,其中 $i = \sqrt{-1}$,且 n 为整数,那么 S 有可能的相关值的数目为( ).

(A)1 　　(B)2 　　(C)3 　　(D)4

(E)大于 4

43. 我们定义格子点为一几何点,当其坐标为整数时(零包括在内),由 x 轴、直线 $x=4$ 与抛物线 $y=x^2$ 围成的区域(包括边界在内)共有的格子点数为( ).

(A)24 　　(B)35 　　(C)34 　　(D)30

(E)不定数

44. 如图所示,于 △ABC 中,AC = CD,且 ∠CAB - ∠ABC = 30°,则 ∠BAD 为( ).

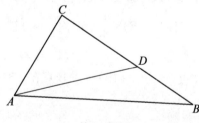

第44题图

(A)30° 　　　　　　(B)20°

(C)$22\dfrac{1}{2}$° 　　　　(D)10°

(E)15°

45. 若两个实数 x 与 y 满足方程 $\dfrac{x}{y} = x - y$,则( ).

(A) $x \geq 4$ 或 $x \leq 0$ (B) y 能等于 1
(C) x 与 y 均为无理数
(D) x 与 y 不可能均为整数
(E) x 与 y 均为有理数

46. 两条垂直弦交于圆内,一条弦分一条线段为 3 与 4 两部分,另一条弦分一条线段为 6 与 2 两部分,则此圆的直径是( ).

(A) $\sqrt{89}$ (B) $\sqrt{56}$ (C) $\sqrt{61}$ (D) $\sqrt{75}$
(E) $\sqrt{65}$

47. 如图所示,在圆 O 内,半径 OX 的中点是点 Q. $AB \perp XY$,以 AB 为直径作半圆交 XY 于 M,AM 与 BM 交圆 O 于点 C 与点 D,联结 AD,若圆 O 的半径为 r,则 AD 为( ).

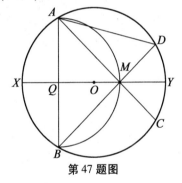

第47题图

(A) $\sqrt{2}r$ (B) r
(C) 非内切正多边形的一边 (D) $\dfrac{\sqrt{3}r}{2}$
(E) $\sqrt{3}r$

48. 如图所示,设 $\triangle ABC$ 为正三角形,内接于圆 O,M 在 $\overparen{BC}$ 上,联结 AM,BM 与 CM,则 AM( ).

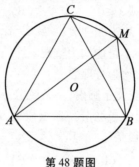

第48题图

(A)等于 $BM + CM$ (B)小于 $BM + CM$
(C)大于 $BM + CM$
(D)等于、小于、大于 $BM + CM$ 视 M 的位置而定
(E)非上述的答案

49. 如图所示,梯形的两平行边分别为3与9,不平行边为4与6,一条平行于底的直线分梯形成周长相等的两梯形,则分不平行边之比为(   ).

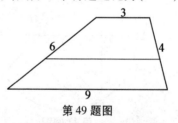

第49题图

(A)4:3   (B)3:2   (C)4:1   (D)3:1
(E)6:1

50. 于圆 O 中,点 G 是直线 AB 上的动点,引 AA' 垂直于 AB 且等于 AG,引 BB' 垂直于 AB,BB' 与 AA' 同在 AB 的同侧,且等于 BG,O' 是 $A'B'$ 的中点,当点 G 从点 A 移至点 B 时,则 O'(   ).

(A)在平分于 AB 的直线上移动

(B)保持固定

(C)在垂直于 AB 的直线上移动

(D)在与已知圆相交的小圆上移动

(E)沿着一路径走,既非圆亦非直线

4 答 案

1.(B) 2.(E) 3.(E) 4.(C) 5.(B) 6.(A)
7.(E) 8.(A) 9.(B) 10.(C) 11.(E)
12.(C) 13.(C) 14.(D) 15.(B) 16.(D)
17.(A) 18.(B) 19.(A) 20.(A) 21.(E)
22.(A) 23.(C) 24.(B) 25.(B) 26.(E)
27.(A) 28.(B) 29.(D) 30.(D) 31.(B)
32.(E) 33.(E) 34.(C) 35.(D) 36.(D)
37.(C) 38.(D) 39.(E) 40.(D) 41.(D)
42.(C) 43.(B) 44.(E) 45.(A) 46.(E)
47.(A) 48.(A) 49.(C) 50.(B)

5 1957 年试题解答

1. 在顶角的中线、高及角分线重合,故有 7 条.
答案:(B).

2. 设方程的两根分别为 α, β,则有
$$\alpha + \beta = \frac{h}{2} = 4$$
所以 $h = 8$. 所以 $\alpha \cdot \beta = k = -3$.

答案:(E).

3. 由题意得

$$1 - \frac{1}{1+\frac{a}{1-a}} = 1 - \frac{1}{\frac{1}{1-a}} = 1-(1-a) = a$$

答案:(E).

4. 由题意得

$$a = 3x+2, b = x, c = -5$$

所以

$$ab + ac = (3x+2)x + (3x+2)(-5)$$

答案:(C).

5. 由题意得

$$\log \frac{a}{b} + \log \frac{b}{c} + \log \frac{c}{d} - \log \frac{ay}{dx} = \log \frac{a}{b} \cdot \frac{b}{c} \cdot \frac{c}{d} \cdot \frac{1}{\frac{ay}{dx}}$$

$$= \log \frac{x}{y}$$

答案:(B).

6. 由题意得

$$x(14-2x)(10-2x) = x(140 - 48x + 4x^2)$$

答案:(A).

7. 设内切圆的半径为 r,则

$$48\pi = \pi r^2$$

所以 $r = 4\sqrt{3}$. 设 h 是等边三角形的高, S 是等边三角形的边长. 所以 $h = 3 \cdot r = 12\sqrt{3}$,所以

$$S = \frac{2}{\sqrt{3}} h = \frac{2}{\sqrt{3}} \times 12\sqrt{3} = 24$$

所以周长为 $3 \times 24 = 72$.

答案:(E).

8. 由题意得
$$\frac{x}{2}=\frac{y}{3}=\frac{z}{5}=\frac{x+y+z}{2+3+5}=\frac{100}{10}=10$$
所以 $x=20, y=30, 30=20a-10$,所以 $a=2$.

答案:(A).

9. 由题意得
$$x-y^{x-y}=2-(-2)^{2-(-2)}=2-(-2)^4$$
$$=2-2^4=-14$$
答案:(B).

10. 由题意得
$$y=2(x+1)^2+3-2=2(x+1)^2+1$$
当 $x=-1$ 时,y 的极小值为 1,可见有最低点 $(-1,1)$.

答案:(C).

11. 设夹角为 x,由题意得
$$15\times\frac{1}{12}=\frac{5}{4}$$
所以
$$15-(\frac{5}{4}+10)=3\frac{3}{4}$$
所以 $6:1=x:\frac{15}{4}$,所以 $x=\frac{45}{2}=22.5°$.

答案:(E).

12. 由题意得
$$10^{-49}-2\times10^{-50}=10^{-50}(10-2)=8\times10^{-50}$$
答案:(C).

13. 由题意得
$$1.414\cdots<1.5<1.732\cdots$$

因为(A),(B)是无理数,故不合题意.
由于　　　　　$1.8 \times 1.8 = 3.24 > 3$
由于　　　　　$1.4 \times 1.4 = 1.96 < 2$
所以　　　　　$2 < 1.5 \times 1.5 = 2.25 < 3$

答案:(C).

14. 由题意得
$$y = \sqrt{x^2 - 2x + 1} + \sqrt{x^2 + 2x + 1}$$
$$= \sqrt{(x-1)^2} + \sqrt{(x+1)^2} = |x - 1| + |x + 1|$$

答案:(D).

15. 观察表1,可知 $s = t^2 \times 10$. 所以当 $t = 2.5$ 时
$$s = (2.5)^2 \times 10 = 62.5$$

答案:(D).

16. 由于金鱼的数目为正整数,自1至12,故图像为一组定数的相异点.

答案:(D).

17. 如图所示,苍蝇至多走8条铁线,故 $8 \times 3 = 24(\text{cm})$.

第17题答案图

答案:(A).

18. 由 $\triangle AOP \backsim \triangle AMB$,所以 $AP \cdot AM = AO \cdot AB$.

答案:(B).

19. 由题意得
$$10\ 011 = 1 \times 2^4 + 0 \times 2^3 + 0 \times 2^2 + 1 \times 2^1 + 2^0$$
$$= 16 + 2 + 1 = 19$$

答案:(A).

20. 设全程为 d,平均速率为 x,则去、回所花费时间共有

$$\frac{\frac{d}{2}}{50}+\frac{\frac{d}{2}}{45}=\frac{d}{x}$$

所以 $x=47\frac{7}{19}(\text{km/h})$.

答案:(A).

21. 叙述(1)是已给定理的"否命题".
叙述(2)是已给定理的"逆命题".
叙述(3)是已给定理的"逆否命题".
叙述(4)是已给定理的"改述或重述".
可见(3),(4)与已给定理逻辑上同值.
答案:(E).

22. 由题意得

$$\sqrt{x-1}+1=\sqrt{x+1}$$

上式两端平方得

$$x-1+1+2\sqrt{x-1}=x+1, 2\sqrt{x-1}=1$$

故

$$4(x-1)=1$$

所以 $4x=5$.

答案:(A).

23. 由题意得

$$x^2+10-x=10, x^2-x=0$$

故

$$(x-1)x=0$$

所以 $x=0$ 或 1,所以 $y=10$ 或 9. 交点为 $(0,10)$,

$(1,9)$. 所以距离为
$$\sqrt{(1-0)^2 + (10-9)^2} = \sqrt{2}$$
答案：(C).

24. 设此两位数个位上的数为 m，十位上的数为 n，则
$$(10m+n)^2 - (10n+m)^2 = (10m+n-10n-m) \times$$
$$(10m+n+10n+m)$$
$$= 9(m-n) \times 11(m+n)$$
$$= 99(m+n)(m-n)$$
答案：(B).

25. 自 R 作 $RA \perp Ox$ 轴. 如图(a)所示，若 $c > b$，则

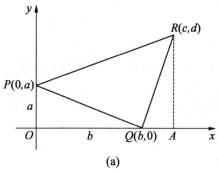

(a)

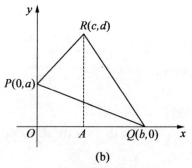

(b)

第 25 题答案图

$$S_{\triangle PQR} = S_{OPRA} - S_{\triangle QAR} - S_{\triangle OPQ}$$

$$=\frac{1}{2}c(a+d)-\frac{1}{2}d(c-b)-\frac{1}{2}ab$$

$$=\frac{1}{2}(ac+bd-ab)$$

如图(b)所示,若 $c<b$,则

$$S_{\triangle PQR}=S_{OPRA}+S_{\triangle QAR}-S_{\triangle OPQ}$$

$$=\frac{1}{2}c(a+d)+\frac{1}{2}d(b-c)-\frac{1}{2}ab$$

$$=\frac{1}{2}(ac+bd-ab)$$

答案:(B).

26. 由中线平分三角形面积来设想,不难知道此点是三角形的重心(或形心).

答案:(E).

27. 设 $α,β$ 为两根,则

$$\frac{1}{\alpha}+\frac{1}{\beta}=\frac{\alpha+\beta}{\alpha\beta}=\frac{-p}{q}$$

答案:(A).

28. 设 $b^{\log_b a}=x$,所以

$$\log_b b \cdot \log_b a = \log_b x$$

所以 $\log_b a = \log_b x$,所以 $x=a$.

答案:(B).

29. 因为 $x^2 \geq 0$,所以 $x^2-1 \geq 0$. 若

$$x^2-1 \geq 0$$

即 $(x-1)(x+1) \geq 0$

所以 $x \leq -1$ 或 $x \geq 1$.

答案:(D).

30. 由题意得

$$1^2+2^2+\cdots+n^2=\frac{n(n+1)(2n+1)}{6}$$

将 $n=1,2$ 代入得

$$1=\frac{1(1+c)(2+k)}{6}, 1^2+2^2=\frac{2(2+c)(4+k)}{6}$$

解出 c,k,即是 1 与 1.

答案:(D).

31. 设割去的等腰直角三角形的腰长为 x,则底边长为

$$\sqrt{x^2+x^2}=\sqrt{2}x$$

因

$$x+x+\sqrt{2}x=1 \quad (正方形的一边长)$$

所以

$$x=\frac{1}{2+\sqrt{2}}=\frac{2-\sqrt{2}}{2}$$

答案:(B).

32. 由题意得

$$n^5-n=n(n^4-1)=n(n+1)(n-1)(n^2+1)$$

设 $n=2$,则

$$n^5-n=2^5-2=30$$

答案:(E).

33. 由题意得

$$9^{x+2}=240+9^x, 9^x \cdot 9^2=240+9^x, 80 \cdot 9^x=240$$

所以 $9^x=3$,所以 $x=0.5$.

答案:(E).

34. 因 x,y 对 $x+y=1$ 的截距在 $x^2+y^2<25$ 内,可见 $x+y=1$ 与 $x^2+y^2<25$ 的交集是一条不包含两端点的线段(因非 $x^2+y^2 \leqslant 25$).

答案:(C).

35. 设 h_k 为自 A 数起第 k 条平行于 BC 的线段长,则

$$\frac{h_k}{\frac{AC}{8}\times k}=\frac{BC}{AC}$$

所以

$$h_k=\frac{k}{8}\times 10=\frac{5}{4}k$$

所以

$$h_1+h_2+\cdots+h_7=\frac{5}{4}(1+2+\cdots+7)$$
$$=\frac{5}{4}\times\frac{8\times 7}{2}=35$$

答案:(D).

36. 由题意得

$$\sqrt{xy}\leqslant\frac{x+y}{2}=\frac{1}{2}$$

所以 $xy\leqslant\frac{1}{4}$,故 xy 的最大值为 $\frac{1}{4}$,即 0.25.

答案:(D).

37. 由 $\triangle ANM \backsim \triangle ABC$,有

$$\frac{MN}{x}=\frac{5}{12}$$

所以

$$MN=\frac{5x}{12}, NP=12-x$$
$$y=NP+MN=12-x+\frac{5x}{12}=\frac{144-7x}{12}$$

答案:(C).

38. 设个位数与十位数分别为 m,n,则
$$10m+n-10n-m=9(m-n)$$
但 $m-n<9$,所以

$$9(m-n) < 9 \times 9 = 81$$

故必为 $1,8,27,64$,但其中只有 27 是 9 的倍数,所以

$$9(m-n) = 27, m-n = 3, m = 3+n$$

所以

$$10m + n = 30 + 11n$$

所以当 $n = 0$ 时, $10m + n = 30$.

当 $n = 1$ 时, $10m + n = 41$.

当 $n = 2$ 时, $10m + n = 52$.

当 $n = 3$ 时, $10m + n = 63$.

当 $n = 4$ 时, $10m + n = 74$.

当 $n = 5$ 时, $10m + n = 85$.

当 $n = 6$ 时, $10m + n = 96$.

答案:(D).

39. 自出发至相遇所花费的时间相等,设为 t h,则

$$4t + \left\{2 + 2\frac{1}{2} + \cdots + \left[2 + \frac{1}{2}(t-1)\right]\right\} = 72$$

整理得

$$4t + \frac{t}{2}\left[2 \times 2 + (t-1) \times \frac{1}{2}\right] = 72$$

整理得

$$16t + 8t + t(t-1) = 72 \times 4$$
$$t^2 + 23t - 288 = 0$$

所以 $t = 9(\text{h})$.

第一人走 $4 \times 9 = 36(\text{km})$,故第二人走 $72 - 36 = 36(\text{km})$.

答案:(E).

40. 由题意得

$$y = -(x-\frac{b}{2})^2 + \frac{b^2}{4} - 8$$

令 $x = \frac{b}{2}$ 时,$y = 0$,所以 $\frac{b^2}{4} - 8 = 0$,所以 $b = \pm 4\sqrt{2}$.

答案:(D).

41. 由题意得

$$\frac{a}{a+1} = \frac{a-1}{-a} \neq \frac{1}{1}$$

所以

$$a^2 + a^2 - 1 = 0$$

所以 $a = \frac{\pm 1}{\sqrt{2}}$,即 $a = \frac{\pm\sqrt{2}}{2}$.

答案:(D).

42. 当 $n = 4m$ 时,$S = 2$.

当 $n = 4m+1$ 时,$S = 0$.

当 $n = 4m+2$ 时,$S = -2$.

当 $n = 4m+3$ 时,$S = 0$.

答案:(C).

43. 当 $x = 4$ 时,$y = 16$.

当 $x = 3$ 时,$y = 9$.

当 $x = 2$ 时,$y = 4$.

当 $x = 1$ 时,$y = 1$.

当 $x = 0$ 时,$y = 0$.

当 $y = 0$ 包括在内时,上列各 y 值加 1 即为格子点总数,所以共有格子点数为 $1 + 2 + 5 + 10 + 17 = 35$.

或者,$y = x^2$,当 $x = 0, 1, 2, 3, 4$ 时,格子点数为

$$\sum_{i=0}^{4}(x_i^2 + 1) = 35.$$

答案:(B).

44. 由题意得

$$\angle BAD = \angle CDA - \angle B = \angle CAD - \angle B$$
$$= (\angle CAB - \angle BAD) - \angle B$$

所以

$$2\angle BAD = (\angle CAB - \angle B) = 30°$$

所以 $\angle BAD = 15°$.

答案:(E).

45. 由题意得

$$\frac{x}{y} = x - y$$

所以 $x = xy - y^2$,所以

$$y^2 - xy + x = 0$$

因 y 是实数,所以判别式 $x^2 - 4x \geqslant 0$,所以 $x \geqslant 4$ 或 $x \leqslant 0$.

答案:(A).

46. 如图所示

$$r = \sqrt{(\frac{3+4}{2})^2 + 2^2}$$
$$= \frac{\sqrt{49+16}}{2} = \frac{\sqrt{65}}{2}$$

所以 $2r = \sqrt{65}$.

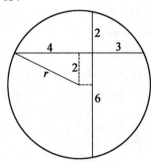

第46题答案图

答案:(E).

47. 因 XY 垂直平分 AB,所以 $MA=MB$,且 $\overset{\frown}{AMB}$ 是半圆.
所以 $\angle AMB=90°$,所以 $\angle MBA=45°$,所以 $\angle AOD=90°$(圆心角为圆周角的2倍),所以 $AD=\sqrt{2}r$.
答案:(A).

48. 在 AM 上取 $MD=MC$,则 $\triangle MCD$ 是正三角形(因为 $\angle CMA=60°$),所以
$$CD=MC$$
又因为
$$AB=BC,\angle CAM=\angle CBM$$
所以 $\triangle ADC \cong \triangle BMC$,所以 $AD=MB$,所以 $AM=BM+CM$.
答案:(A).

49. 设分不平行边之比为 $m:n$,且
$$m+n=6$$
设平行于上、下底边的直线长为 x,则
$$3+m+x+4\times\frac{m}{m+n}=9+n+x+4\times\frac{n}{m+n}$$
整理得
$$(m-n)+4\times\frac{(m-n)}{m+n}=6$$
所以
$$(m-n)(1+\frac{4}{6})=6$$
(因为 $m+n=6$). 故
$$m-n=\frac{18}{5}, m+n=6$$
所以 $2m=\frac{48}{5}, m=\frac{24}{5}, n=\frac{6}{5}$,所以 $m:n=4:1$.

答案:(C).

50. 如图所示,联结 OO',则

$$OO' = \frac{1}{2}(AA' + BB') = \frac{1}{2}AB$$

且 $OO' \parallel AA'$(中点连线定理). 所以 $OO' \perp AB$,可见 O' 不随点 G 而动.

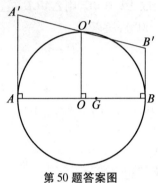

第 50 题答案图

答案:(B).

1958 年试题

第 4 章

1 第一部分

1. $[2-3(2-3)^{-1}]^{-1}$ 的值为( ).

   (A)5   (B) -5 (C) $\dfrac{1}{5}$

   (D) $-\dfrac{1}{5}$ (E) $\dfrac{5}{3}$

2. 若 $\dfrac{1}{x}-\dfrac{1}{y}=\dfrac{1}{z}$,则 z 等于( ).

   (A) $y-x$ (B) $x-y$ (C) $\dfrac{y-x}{xy}$

   (D) $\dfrac{xy}{y-x}$ (E) $\dfrac{xy}{x-y}$

3. 式 $\dfrac{a^{-1}b^{-1}}{a^{-3}-b^{-3}}$ 等于( ).

   (A) $\dfrac{a^2b^2}{b^2-a^2}$ (B) $\dfrac{a^2b^2}{b^3-a^3}$ (C) $\dfrac{ab}{b^2-a^3}$

   (D) $\dfrac{a^3-b^3}{ab}$ (E) $\dfrac{a^3b^3}{a-b}$

4. 于式 $\dfrac{x+1}{x-1}$ 中, 以 $\dfrac{x+1}{x-1}$ 代替 x, 所得的结果, 将 $x=\dfrac{1}{2}$ 代入计算, 等于( ).

   (A)3　　(B)-3　　(C)1　　(D)-1

   (E)非上述的答案

5. 式 $2+\sqrt{2}+\dfrac{1}{2+\sqrt{2}}+\dfrac{1}{\sqrt{2}-2}$ 等于( ).

   (A)2　　(B)$2-\sqrt{2}$　　(C)$2+\sqrt{2}$　　(D)$2\sqrt{2}$

   (E)$\dfrac{\sqrt{2}}{2}$

6. 当 $x\ne 0$ 时, $\dfrac{x+a}{x}$ 与 $\dfrac{x-a}{x}$ 的算术平均值为( ).

   (A)2, 若 $a\ne 0$ 时　　(B)1

   (C)1, 只当 $a=0$ 时　　(D)$\dfrac{a}{x}$

   (E)x

7. xOy 平面中的一条直线过点 $(-1,1)$ 与点 $(3,9)$, 此直线与 x 轴的截距为( ).

   (A)$-\dfrac{3}{2}$　　(B)$\dfrac{-2}{3}$　　(C)$\dfrac{2}{5}$　　(D)2

   (E)3

8. 下列四个数何者为有理数( ).

   $\sqrt{\pi^2}$, $\sqrt[3]{0.8}$, $\sqrt[4]{0.000\,16}$, $\sqrt[3]{-1}\cdot\sqrt{(0.09)^{-1}}$

   (A)没有　　(B)全是　　(C)第一个与第四个

   (D)只有第四个　　(E)只有第一个

9. 满足方程 $x^2+b^2=(a-x)^2$ 的 x 值为( ).

   (A)$\dfrac{b^2+a^2}{2a}$　　(B)$\dfrac{b^2-a^2}{2a}$　　(C)$\dfrac{a^2-b^2}{2a}$　　(D)$\dfrac{a-b}{2}$

(E)$\dfrac{a^2-b^2}{2}$

10. 除 $k=0$ 外，k 的何值能使方程 $x^2+kx+k^2=0$ 有实根（　　）.
 (A)$k<0$　(B)$k>0$　(C)$k\geq 1$
 (D)所有的 k 值　　　(E)无 k 值

11. 满足方程 $\sqrt{5-x}=x\sqrt{5-x}$ 的根有（　　）.
 (A)无限个　(B)3 个　(C)2 个　(D)1 个
 (E)0 个

12. 若 $P=\dfrac{s}{(1+k)^n}$，则 n 等于（　　）.

 (A)$\dfrac{\log\dfrac{s}{P}}{\log(1+k)}$　　　(B)$\log\dfrac{s}{P(1+k)}$

 (C)$\log\dfrac{s-P}{1+k}$　　　(D)$\log\dfrac{s}{P}+\log(1+k)$

 (E)$\dfrac{\log s}{\log P(1+k)}$

13. 两数之和为 10，积为 20，两数的倒数和为（　　）.
 (A)$\dfrac{1}{10}$　(B)$\dfrac{1}{2}$　(C)1　(D)2
 (E)4

14. 在舞会里，一群男女交换跳舞如下：第一个男孩跟 5 个女孩跳过，第二个男孩跟 6 个女孩跳过，如此，最后一个男孩与全部女孩跳过，若 b 表示男孩的数目，g 表示女孩的数目，则（　　）.
 (A)$b=g$　　　(B)$b=\dfrac{g}{5}$
 (C)$b=g-4$　　　(D)$b=g-5$
 (E)在未知男女总数时，无法确定 b 与 g 的关系

15. 一个四边形内接于圆,内接于各边且须在四边形外部的角的和为( ).

(A)1 080°　(B)900°　(C)720°　(D)540°
(E)360°

16. 内切于正六边形的圆的面积为 100π,则此六边形的面积为( ).

(A)600　(B)300　(C)$200\sqrt{3}$　(D)540
(E)360

17. 若 x 是正数,且 $\log x \geqslant \log 2 + \frac{1}{2}\log x$,则( ).

(A)x 没有极小或极大值

(B)x 的极大值是 1

(C)x 的极小值是 1

(D)x 的极大值是 4

(E)x 的极小值是 4

18. 当圆的半径 r 增加 n 时,其面积变为原面积的 2 倍,则 r 等于( ).

(A)$n(\sqrt{2}+1)$　　　(B)$n(\sqrt{2}-1)$

(C)n　　　(D)$n(2-\sqrt{2})$

(E)$\dfrac{n\pi}{\sqrt{2}+1}$

19. 直角三角形的两边为 a 与 b,斜边为 c. 高分 c 成 r 与 s. 若 $a:b=1:3$,则 r 与 s 之比为( ).

(A)1:3　(B)1:9　(C)1:10　(D)3:10
(E)$1:\sqrt{10}$

20. 若 $4^x - 4^{x-1} = 24$,则 $(2x)^x$ 等于( ).

(A)$5\sqrt{5}$　(B)$\sqrt{5}$　(C)$25\sqrt{5}$　(D)125
(E)25

2 第二部分

21. 如图所示，CE 与 DE 是圆心为 O 的圆内相等的两弦，$\overset{\frown}{AB}$ 是 $\dfrac{1}{4}$ 圆周，则 $\triangle CED$ 与 $\triangle AOB$ 的面积之比为（　　）.

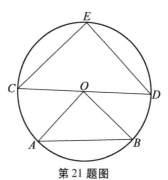

第21题图

(A) $\sqrt{2}:1$ (B) $\sqrt{3}:1$ (C) $4:1$ (D) $3:1$
(E) $2:1$

22. 一质点置于抛物线 $y=x^2-x-6$ 上的一点 P（P 的纵坐标是 6）处. 若质点可以自由沿着抛物线滚落直至距 P 最近的点 Q（点 Q 的纵坐标是 -6），那么质点水平移动的距离是（　　）.
(A) 5   (B) 4   (C) 3   (D) 2
(E) 1

23. 于式 x^2-3 中，若 x 增加或减少正量 a 时，则式 x^2-3 的改变量为（　　）.
  (A) $\pm 2ax+a^2$ (B) $2ax\pm a^2$
  (C) $\pm a^2-3$ (D) $(x-a)^2-3$

(E)$(x-a)^2-3$

24. 某人以 0.5 km/min 的速率向正北行进 m m,然后以 2 km/min 的速率向正南返回原出发点,那么整个旅程的平均速率为(　　).

(A)75 km/min　　(B)$\frac{40}{3}$ km/min

(C)45 km/min　　(D)24 km/min

(E)未知 m 的值,无法确定

25. 若 $\log_k x \cdot \log_5 k = 3$,则 x 等于(　　).

(A)k^5　(B)$5k^3$　(C)k^3　(D)243

(E)125

26. n 个数组成的集合,其和为 s,今此集合中的每一数增加 20,然后 5 倍之,每数再减少 20,则如此所得到的新集合中各数的和为(　　).

(A)$s+20n$　(B)$5s+80n$　(C)s　(D)$5s$

(E)$5s+4n$

27. 点 $(2,-3),(4,3)$ 与 $(5,\frac{k}{2})$ 在同一直线上,则 k 的值为(　　).

(A)12　(B)-12　(C)± 12　(D)12 或 6

(E)6 或 $6\frac{2}{3}$

28. 16 L 的冷却器,盛满水,移去 4 L,代之以纯净的不凝冻的液体.之后,将此混合液移去 4 L,又代之以纯净的不凝冻的液体,如此,再进行两次,则最后混合液中含水的分数是(　　).

(A)$\frac{1}{4}$　(B)$\frac{81}{256}$　(C)$\frac{27}{64}$　(D)$\frac{37}{64}$

(E) $\dfrac{175}{256}$

29. 在 △ADE 中(如图所示)引线 EB 与 EC. 下列各角间的关系何者正确( ).

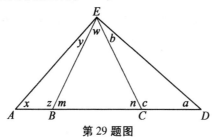

第29题图

(A) $x+z=a+b$　　　(B) $y+z=a+b$
(C) $m+x=w+n$　　(D) $x+z+n=w+c+m$
(E) $x+y+n=a+b+m$

30. 若 $xy=b$ 且 $\dfrac{1}{x^2}+\dfrac{1}{y^2}=a$,则 $(x+y)^2$ 等于( ).

(A) $(a+2b)^2$　　(B) a^2+b^2
(C) $b(ab+2)$　　(D) $ab(b+2)$
(E) $\dfrac{1}{a}+2b$

31. 等腰三角形底边上的高是8,周长是32,则三角形的面积是( ).

(A) 56　　(B) 48　　(C) 40　　(D) 32
(E) 24

32. 一畜牧场的主人以 $1 000 买牡犊与牛. 牡犊与牛的价格分别为 $25 与 $26,若牡犊的头数 s 与牛的头数 c 均为正整数,则( ).

(A) 此问题无解　　　　　(B) 有两组解但 s 超过 c
(C) 有两组解但 c 超过 s　(D) 有一组解但 s 超过 c

(E)有一组解但 c 超过 s

33. 已知 $ax^2+bx+c=0$ 的一根为另一根的两倍,则 a, b, c 之间的关系为(   ).

    (A) $4b^2=9c$ (B) $2b^2=9ac$

    (C) $2b^2=9a$ (D) $b^2-8ac=0$

    (E) $9b^2=2ac$

34. 一个分式的分子为 $6x+1$,分母为 $7-4x$,且 x 的值介于 -2 与 2 之间(-2 与 2 亦包含在内). 当分子大于分母时 x 的值为(   ).

    (A) $\dfrac{3}{5}<x\leqslant 2$ (B) $\dfrac{3}{5}\leqslant x\leqslant 2$

    (C) $0<x\leqslant 2$ (D) $0\leqslant x\leqslant 2$

    (E) $-2\leqslant x\leqslant 2$

35. 某三角形由坐标为整数的三点所联结而成. 若 x 轴的单位与 y 轴的单位均各为 $1\,\mathrm{cm}$ 时,此三角形的面积(   ).

    (A)必须为整数   (B)可能是无理数
    (C)必须为无理数   (D)必须为有理数
    (E)仅当此三角形为正三角形时,方为整数

36. 三角形的三边各为 $30,70$ 及 80,若一条高引至长 80 的边上,则在此边上所截取较长的线段是(   ).

    (A) 62 (B) 63 (C) 64 (D) 65
    (E) 66

37. 以连续整数所成的某算术级数,其第一项为 k^2+1,则此级数的 $2k+1$ 项之和可表示为(   ).

    (A) $k^3+(k+1)^3$ (B) $(k-1)^3+k^3$

    (C) $(k+1)^3$ (D) $(k+1)^2$

(E)$(2k+1)(k+1)^2$

38. 设 r 为自原点至点 P 的距离,已知点 P 的坐标为 (x,y),若以 s 表示 $\dfrac{y}{r}$,c 表示 $\dfrac{x}{r}$,则 s^2-c^2 的值的范围( ).

(A)小于 -1,大于 $+1$,而 ±1 不包含在内
(B)小于 -1,大于 $+1$,而 ±1 包含在内
(C)介于 -1 与 $+1$ 之间,而 ±1 不包含在内
(D)介于 -1 与 $+1$ 之间,而 ±1 包含在内
(E)只 -1 与 $+1$

39. 关于方程 $|x|^2+|x|-6=0$ 的解可说( ).
(A)只有一个根　　　　(B)诸根之和为 $+1$
(C)诸根之和为 0　　　(D)诸根之积为 $+4$
(E)诸根之积为 -6

40. 已知 $a_0=1, a_1=3$,并有一般关系式 $a_n^2-a_{n-1}a_{n+1}=(-1)^n$(但 $n\geq 1$),则 a_3 等于( ).

(A)$\dfrac{13}{27}$　　(B)33　　(C)21　　(D)10
(E)-17

3 第三部分

41. 设 $Ax^2+Bx+C=0$ 的根为 r 与 s,而 $x^2+px+q=0$ 的根为 r^2 与 s^2,则 p 必等于( ).

(A)$\dfrac{B^2-4AC}{A^2}$　　　　(B)$\dfrac{B^2-2AC}{A^2}$

(C)$\dfrac{2AC-B^2}{A^2}$　　　　(D)B^2-2C

(E)$2C-B^2$

42. 在圆心为 O 的圆中,弦 $AB=AC$,弦 AD 交 BC 于点 E,若 $AC=12$,$AE=8$,则 AD 等于(   ).

(A)27 (B)24 (C)21 (D)20
(E)18

43. AB 为 $Rt\triangle ABC$ 的斜边,中线 AD 的长为7,中线 BE 的长为4,则 AB 的长为(   ).

(A)10 (B)$5\sqrt{3}$ (C)$5\sqrt{2}$ (D)$2\sqrt{3}$
(E)$2\sqrt{15}$

44. 已知正命题:(1)若 a 大于 b,则 c 大于 d;(2)若 c 小于 d,则 e 大于 f. 则有效的结论是(   ).

(A)若 a 小于 b,则 e 大于 f
(B)若 e 大于 f,则 a 小于 b
(C)若 e 小于 f,则 a 大于 b
(D)若 a 大于 b,则 e 大于 f
(E)其他

45. 一支票记为 x 元与 y 分,x 与 y 均为两位数,在兑现时,误兑成 y 元与 x 分,不正确的款项比正确的款项多17.82元,则(   ).

(A)x 不会超过70   (B)y 能等于 $2x$
(C)支票的款项不是5的倍数
(D)不正确的款项能等于正确款项的2倍
(E)正确款项的数字和可被9整除

46. 对于 $1>x>-4$,式 $\dfrac{x^2-2x+2}{2x-2}$(   ).

(A)没有极大或极小值
(B)有极小值1
(C)有极大值1

(D)有极小值 -1

(E)有极大值 -1

47. $ABCD$ 是矩形(如图),过 AB 上任一点 P 作 $PS \perp BD$,$PR \perp AC$,过点 A 作 $AF \perp BD$,过点 P 作 $PQ \perp AF$,则 $PR + PS$ 等于( ).

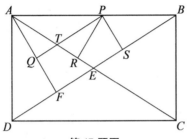

第47题图

(A)PQ　　(B)AE　　(C)$PT + AT$
(D)AF　　(E)EF

48. 圆心为 O 的圆,其直径为10个单位,点 C 在 AB 上距 A 4个单位,点 D 在 AB 上距 B 4个单位,P 为圆周上任一点,则折线路径自点 C 经点 P 至点 D ( ).

(A)对于点 P 的所有位置,均有相同的长

(B)对于点 P 的所有位置,均超过10个单位

(C)不能超过10个单位

(D)当 $\triangle CPD$ 为直角三角形时最短

(E)当点 R 距 C 与 D 等距时最长

49. 在 $(a+b)^n$ 的展开式中有 $n+1$ 个不同项,在 $(a+b+c)^{10}$ 的展开式中,不同项的个数为( ).

(A)11　　(B)33　　(C)55　　(D)66
(E)132

50. 如图所示,设 AB 上所有的点对应于 $A'B'$ 上的点,

且反之亦可. 用解析几何法, 设 x 表示 AB 上一点 P 至点 D 的距离; y 表示 $A'B'$ 上一点 P' 至点 D' 的距离. 那么, 对于任一对对应点而言, 若 $x=a$, 则 $x+y$ 等于( ).

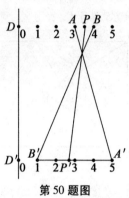

第 50 题图

(A) $13a$ (B) $17a-51$

(C) $17-3a$ (D) $\dfrac{17-3a}{4}$

(E) $12a-34$

4 答 案

1. (C) 2. (D) 3. (B) 4. (E) 5. (A) 6. (B)
7. (A) 8. (D) 9. (C) 10. (E) 11. (C)
12. (A) 13. (B) 14. (C) 15. (D) 16. (C)
17. (E) 18. (A) 19. (B) 20. (C) 21. (E)
22. (C) 23. (A) 24. (B) 25. (E) 26. (B)
27. (A) 28. (B) 29. (E) 30. (C) 31. (B)
32. (E) 33. (B) 34. (A) 35. (D) 36. (D)

37.（A） 38.（D） 39.（C） 40.（B） 41.（C）
42.（E） 43.（D） 44.（E） 45.（B） 46.（E）
47.（D） 48.（E） 49.（D） 50.（C）

5 1958年试题解答

1. 由题意得
$$[2-3(2-3)^{-1}]^{-1} = [2-3(\frac{1}{2-3})]^{-1}$$
$$= [2+3]^{-1} = \frac{1}{5}$$

答案:(C).

2. 由题意得
$$\frac{1}{z} = \frac{y-x}{xy}$$

所以 $z = \frac{xy}{y-x}$.

答案:(D).

3. 由题意得
$$\frac{a^{-1}b^{-1}}{a^{-3}-b^{-3}} = \frac{a^{-1}b^{-1}}{a^{-3}b^{-3}(b^3-a^3)} = \frac{a^2b^2}{b^3-a^3}$$

答案:(B).

4. 由题意得
$$\frac{\frac{x+1}{x-1}+1}{\frac{x+1}{x-1}-1} = \frac{x+1+x-1}{x+1-x+1} = \frac{2x}{2} = x$$

即 $x = \frac{1}{2}$.

答案:(E).

5. 由题意得

$$2+\sqrt{2}+\frac{(2-\sqrt{2})-(2+\sqrt{2})}{4-(\sqrt{2})^2}=2+\sqrt{2}-\sqrt{2}=2$$

答案:(A).

6. 由题意得

$$\frac{1}{2}(\frac{x+a}{x}+\frac{x-a}{x})=\frac{1}{2}(\frac{2x}{x})=1 \quad (但 x\neq 0)$$

答案:(B).

7. 由题意得

$$\frac{y-1}{x-(-1)}=\frac{1-9}{-1-3}=\frac{-8}{-4}=2$$

令 $y=0$,所以 $\frac{-1}{x+1}=2$,所以 $x=-\frac{3}{2}$.

答案:(A).

8. 由已知条件,$\sqrt{\pi^2}=\pi$ 为无理数;$\sqrt[3]{0.8}=\frac{2}{\sqrt[3]{10}}$ 为无理数;$\sqrt[4]{0.00016}=\sqrt[4]{\frac{16}{100000}}=\frac{2}{10}\sqrt[4]{\frac{1}{10}}$ 为无理数;

$\sqrt{(0.09)^{-1}}=\sqrt{\frac{100}{9}}=\frac{10}{3}$ 为无理数.

答案:(D).

9. 由题意得

$$x^2+b^2=a^2-2ax+x^2$$

所以

$$x=\frac{a^2-b^2}{2a}$$

答案:(C).

10. 方程的判别式 $k^2-4k^2\geq 0$,所以 $-3k^2\geq 0$. 所以无 k 值(因 $k\neq 0$).

第4章　1958年试题

答案:(E).

11. 由题意得
$$\sqrt{5-x} = x\sqrt{5-x}$$
故
$$\sqrt{5-x}(x-1) = 0$$
所以 $5-x=0$ 或 $x-1=0$,所以 $x=5$ 或 $x=1$.

答案:(C).

12. 由题意得
$$P = \frac{s}{(1+k)^n}$$
两边取对数
$$\log P = \log s - \log(1+k)^n$$
故 $n\log(1+k) = -\log P + \log s = \log\frac{s}{P}$

所以 $n = \dfrac{\log\dfrac{s}{P}}{\log(1+k)}$.

答案:(A).

13. 设 x,y 为此两数,则 $x+y=10$,$xy=20$,所以
$$\frac{1}{x} + \frac{1}{y} = \frac{x+y}{xy} = \frac{10}{20} = \frac{1}{2}$$

答案:(B).

14. 把男孩当作等差级数的项数,女孩当作此等差级数的各项,此级数为
$$5,6,7,\cdots,5+(b-1)\times 1$$
由题意知
$$5+(b-1) = g$$
所以 $g = b+4$.

答案:(C).

15. 取正方形内接于圆来讨论即可,不但易于观察而且

省时间. 故每一角为
$$\frac{1}{2}(360°-90°)=135°$$
所以 $135°\times 4=540°$.
答案:(D).

16. 设此内切圆的半径为 r,则 $100\pi=\pi r^2$,所以 $r=10$. r 相当于此正六边形的边心距,所以正六边形的一边长为
$$\frac{2}{\sqrt{3}}\times 10=\frac{20\sqrt{3}}{3}$$
所以面积为 $6\times\frac{1}{2}\times\frac{20\sqrt{3}}{3}\times 10=200\sqrt{3}$.
答案:(C).

17. 由题意得
$$\log x-\frac{1}{2}\log x\geqslant\log 2,\log\frac{x}{\sqrt{x}}\geqslant\log 2$$
故 $\sqrt{x}\geqslant 2$,所以 $x\geqslant 4$. 可见 x 的最小值为 4.
答案:(E).

18. 由题意知
$$\frac{\pi(r+n)^2}{\pi r^2}=2,(r+n)^2=2r^2$$
所以
$$r^2+2nr+n^2=2r^2$$
所以
$$r^2-2nr-n^2=0$$
所以
$$r=n+\sqrt{n^2+n^2}=(1+\sqrt{2})n$$
答案:(A).

第4章 1958年试题

19. 由相似形定理知
$$a^2 = r \cdot c, b^2 = s \cdot c$$
所以
$$\frac{r}{s} = \frac{a^2}{b^2} = (\frac{1}{3})^2 = \frac{1}{9}$$
答案:(B).

20. 由题意得
$$4^x - 4^{x-1} = 24, 4^{x-1}(4-1) = 24$$
故
$$4^{x-1} = 8 = 2^3$$
即 $2^{2(x-1)} = 2^3$. 所以
$$2(x-1) = 3, x = \frac{5}{2}$$
所以
$$(2x)^x = (2 \times \frac{5}{2})^{\frac{5}{2}} = 25\sqrt{5}$$
答案:(C).

21. 由题意得
$$\frac{S_{\triangle CED}}{S_{\triangle AOB}} = \frac{CE \times DE}{OA \times OB} \quad (因为 \angle AOB = \angle CED = 90°)$$
$$= \frac{CE^2}{OA^2} = \frac{\frac{1}{2}CD^2}{\frac{1}{4}CD^2} = \frac{2}{1}$$
答案:(E).

22. 当 $y = 6$ 时, $x = 4$ 或 -3; 当 $y = -6$ 时, $x = 0$ 或 1.
由对称性及题意知,质点自 $(4,6)$ 滚至 $(1,-6)$,或者自 $(-3,6)$ 滚至 $(0,-6)$. 故水平距离为 $4-1$ 或 $0-(-3)$.

95

答案:(C).

23. 由题意得
$$[(x\pm a)^2-3]-[x^2-3]=\pm 2ax+a^2$$
答案:(A).

24. 由题意得
$$v_1=\frac{25}{3}(\text{m/s})(\text{北向}), v_2=\frac{100}{3}(\text{m/s})(\text{南向})$$

故平均速率为 $\dfrac{2v_1v_2}{v_1+v_2}$

因此 $\dfrac{2v_1v_2}{v_1+v_2}=\dfrac{2\times\frac{25}{3}\times\frac{100}{3}}{\frac{25}{3}+\frac{100}{3}}=\dfrac{40}{3}(\text{m/s})$

答案:(B).

25. 已知 $\log_b a\cdot\log_a b=1$,今 $\log_k x\cdot\log_5 k=3$,可见 $x=5^3$.
答案:(E).

26. n 个数之和为 s,每一个数增加 20 之和为 $s+20n$,五倍之为 $5s+100n$.每一个数减少 20 后,为 $5s+80n$.
答案:(B).

27. 由题意得
$$\frac{-3-3}{2-4}=\frac{3-\frac{k}{2}}{4-5}$$

所以 $-3=3-\dfrac{k}{2}$,所以 $k=12$.

答案:(A).

28. 由题意得,每次移去 4 L 水后的含水量分别为
$$16, 16\left(1-\frac{1}{4}\right), 16\times\left(1-\frac{1}{4}\right)\left(1-\frac{1}{4}\right),\cdots$$

可见第 4 次的含水量为
$$16 \times (1 - \frac{1}{4})^4 = 16 \times \frac{3^4}{4^4} = \frac{81}{16}$$
故含水量的分数为 $\frac{81}{16} \div 16 = \frac{81}{256}.$

答案：(B)．

29. 由题意得
$$m = x + y, n = a + b$$

答案：(E)．

30. 由题意得
$$(x+y)^2 = x^2 + y^2 + 2xy = x^2 y^2 \left[\frac{1}{x^2} + \frac{1}{y^2} + \frac{2}{xy} \right]$$
$$= b^2 \times \left[a + \frac{2}{b} \right] = ab^2 + 2b$$

答案：(C)．

31. 设底边长为 b，则腰长为 $\frac{32-b}{2}$，所以
$$(\frac{32-b}{2})^2 - 8^2 = (\frac{b}{2})^2$$

整理得
$$16^2 - 16b + \frac{b^2}{4} - 8^2 = \frac{b^2}{4}$$

所以
$$16b = 16^2 - 8^2, b = 16 - 4 = 12$$

所以面积为 $\frac{1}{2} \times 12 \times 8 = 48.$

答案：(B)．

32. 由题意得
$$25s + 26c = 1\ 000$$

所以 $s = 40 - \dfrac{26c}{25}$,当 $c = 25$ 时,$s = 14$.

答案:(E).

33. 设一根为 α,另一根可为 2α. 所以
$$\alpha + 2\alpha = -\dfrac{b}{a}$$

所以
$$3\alpha = -\dfrac{b}{a}, \alpha \cdot 2\alpha = \dfrac{c}{a}$$

所以
$$2\left(\dfrac{-b}{3a}\right)^2 = \dfrac{c}{a}, 2b^2 = 9ac$$

答案:(B).

34. 由题意得
$$6x + 1 > 7 - 4x$$
即
$$10x > 6$$

所以 $x > \dfrac{3}{5}$. 又由题设 $-2 \leqslant x \leqslant 2$,乃得 $\dfrac{3}{5} < x \leqslant 2$.

答案:(A).

35. 用行列式表示三角形面积,有
$$\text{面积} = \dfrac{1}{2}\begin{vmatrix} x_1 & y_1 & 1 \\ x_2 & y_2 & 1 \\ x_3 & y_3 & 1 \end{vmatrix}$$

答案:(D).

36. 设此边上的高为 h,截取的较短边为 d,则有
$$30^2 - d^2 = h^2 = 70^2 - (80-d)^2$$
所以 $d = 15$,$80 - d = 65$.

答案:(D).

37. 设首项为 a,公差为 d,S 为前 $2k+1$ 项和,则
$$S = \frac{n}{2}[2a+(n-1)d]$$
其中 $a=k^2+1, n=2k+1, d=1$
所以
$$S = (2k+1)(k^2+k+1) = 2k^3+3k^2+3k+1$$
$$= (k+1)^3+k^3$$
答案:(A).

38. 因为 $r = \sqrt{x^2+y^2}$,所以
$$s^2-c^2 = (\frac{y}{r})^2-(\frac{x}{r})^2 = \frac{y^2-x^2}{x^2+y^2} = 1-\frac{2x^2}{x^2+y^2}$$
因
$$\frac{2x^2}{x^2+y^2} = \begin{cases} 0, \text{当} x=0, y=r \text{时} \\ 2, \text{当} x=r, y=0 \text{时} \end{cases}$$
可见 $-1 \leqslant 1-\frac{2x^2}{x^2+y} \leqslant 1$.
或者,令 $s=\sin\theta, c=\cos\theta$,则
$$s^2-c^2 = -\cos 2\theta$$
因为 $-1 \leqslant \cos 2\theta \leqslant 1$,所以 $1 \geqslant s^2-c^2 \geqslant -1$.
答案:(D).

39. 由题意得
$$(|x|-2)(|x|+3) = 0$$
因为 $|x| \geqslant 0$,所以 $|x|+3 \neq 0$,故 $|x|=2$,所以 $x = \pm 2$.
答案:(C).

40. 当 $n=1$ 时,$a_1^2-a_0a_2 = (-1)^1, a_2=10$;当 $n=2$ 时,$a_2^2-a_1a_3 = (-1)^2, a_3=33$.
答案:(B).

41. 由题意得

$$r^2+s^2=-p, r+s=-\frac{B}{A}, rs=\frac{C}{A}$$

所以

$$p=-(r^2+s^2)=-(r+s)^2+2rs=-\frac{B^2}{A^2}+\frac{2C}{A}$$

$$=\frac{2CA-B^2}{A^2}$$

答案:(A).

42. 如图所示,因 $\triangle ABE \backsim \triangle ADB$,所以 $AB^2 = AE \cdot AD$,
所以 $AD = \dfrac{12^2}{8} = 18$.

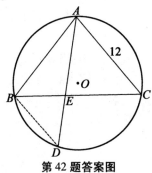

第42题答案图

答案:(E).

43. 如图所示

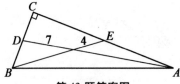

第43题答案图

$$7^2 = CD^2 + AC^2, 4^2 = BC^2 + CE^2$$

两式相加得

$$7^2 + 4^2 = \frac{5}{4}(AC^2 + BC^2)$$

所以
$$(49+16) \times \frac{4}{5} = AB^2, 52 = AB^2$$

所以 $AB = 2\sqrt{13}$.

答案：(D).

44. 因(1)叙述的逆命题不一定成立,而(A),(B),(C),(D)中均应用到此未必成立的逆命题或其同值的否命题.

答案：(E).

45. 设 $x = (10a+b)$(元), $y = (10c+d)$(分), 支票面上的值为 $(1\,000a + 100b + 10c + d)$ 分;支票兑现的值为 $(1\,000c + 100d + 10a + b)$ 分. 相差 $(990c + 99d) - (990a + 99b) = 1\,782$(分). 所以
$$(10c+d) - (10a+b) = 18$$

或 $y - x = 18$,因此 y 可能等于 $2x$.

答案：(B).

46. 由题意得
$$\frac{x^2 - 2x + 2}{2(x-1)} = \frac{1}{2}(x - 1 + \frac{1}{x-1})$$
$$= \frac{1}{2}(t + \frac{1}{t}) \quad (令 x - 1 = t)$$

因 $t \cdot \frac{1}{t} = 1$ 是定值,故当 $t = \frac{1}{t}$ 时, $t + \frac{1}{t}$ 的值最大,因为 $1 > x > -4, 0 > x - 1 > -5$,即 $0 > t > -5$, 所以
$$\frac{x^2 - 2x + 2}{2(x-1)} = \frac{1}{2}(t + \frac{1}{t}) \leqslant \frac{1}{2}(-2) = -1$$

答案：(E).

47. 因等腰三角形底边上一点至两腰的垂线长之和等于腰上的高.

答案:(D).

48. 由中线平方定理知
$$PC^2 + PD^2 = 2(5^2 + 1^2) = 52$$
因为
$$\frac{PC^2 + PD^2}{2} \geqslant PC \cdot PD$$
所以 $PC \cdot PD$ 的最大值是 26,即
$$PC = PD = \sqrt{26} \qquad ①$$
又因为
$$(PC + PD)^2 = 52 + 2PC \cdot PD \leqslant 52 + 52 \leqslant 104$$
所以
$$PC + PD \leqslant 2\sqrt{26}$$
由式①知 $PC = PD = \sqrt{26}$ 时,$PC + PD$ 最大.

答案:(E).

49. 由题意得
$$[(a+b)+c]^{10} = (a+b)^{10} + 10(a+b)^9 \cdot c + \cdots + (a+b)c^9 + c^{10}$$
共有 11 项,但 $(a+b)^{10}$ 又有 11 项,$(a+b)^9$ 有 10 项,…… 可见 $1 + 2 + \cdots + 11 = \frac{11 \times 12}{2} = 66.$

答案:(D).

50. 如题图所示
$$\frac{PB}{P'B'} = \frac{AP}{A'P'}$$
即 $\frac{4-x}{y-1} = \frac{x-3}{5-y} = \frac{1}{4}$,所以
$$4x - 12 = 5 - y, y = 17 - 4x$$
$$x + y = a + 17 - 4a = 17 - 3a$$
答案:(C).

1959 年试题

1 第一部分

1. 正方形的每边增加 50%,则正方形的面积增加的百分率为(　　).
   (A) 50%　(B) 125%　(C) 150%
   (D) 300%　(E) 750%

2. 过 △ABC 内一点 P 作平行于底边 AB 的一条直线,且分三角形成两等积形. 若 AB 上的高为 1 时,点 P 至 AB 的距离为(　　).
   (A) $\dfrac{1}{2}$　(B) $\dfrac{1}{4}$　(C) $2-\sqrt{2}$
   (D) $\dfrac{2-\sqrt{2}}{2}$　(E) $\dfrac{2-\sqrt{2}}{8}$

3. 若某四边形的对角线互相垂直,则此图形常包括在下列何者的一般分类中(　　).
   (A) 菱形　(B) 矩形　(C) 正方形
   (D) 等腰梯形　　　(E) 其他

4. 若 78 分成三份,成 $1:\frac{1}{3}:\frac{1}{6}$,则中间部分为( ).

 (A)$9\frac{1}{3}$ (B)13 (C)$17\frac{1}{3}$ (D)$18\frac{1}{3}$
 (E)26

5. $(256)^{0.16} \cdot (256)^{0.09}$ 的值为( ).
 (A)4 (B)16 (C)64 (D)256.25
 (E) -16

6. 已知正命题:若四边形是正方形,则它是矩形.据此,可见此叙述的逆命题及否命题( ).
 (A)只有逆命题正确 (B)只有否命题正确
 (C)均正确 (D)均不正确
 (E)否命题必真,而逆命题有时真

7. 已知直角三角形的三边分别为 $a, a+d$ 及 $a+2d$,其中 a 及 d 皆正数,则 a 与 d 之比为( ).
 (A)1:3 (B)1:4 (C)2:1 (D)3:1
 (E)3:4

8. $x^2 - 6x + 13$ 的值绝不小于( ).
 (A)4 (B)4.5 (C)5 (D)7
 (E)13

9. 一农夫将其 n 头牛分与其 4 子,使长子得 $\frac{1}{2}$,次子得 $\frac{1}{4}$,三子得 $\frac{1}{5}$,幼子得 7 头,则 n 等于( ).
 (A)80 (B)100 (C)140 (D)180
 (E)240

10. 在 $\triangle ABC$ 中,$AB = AC = 3.6$,点 D 在 AB 上,且距点 A 的距离为 1.2,点 E 在 AC 的延长线上,且使 $\triangle AED$ 的面积等于 $\triangle ABC$ 的面积,则 AE 等于( ).

(A)4.8　(B)5.4　(C)7.2　(D)10.8
(E)12.6

11. 以2为底,0.0625的对数为(　　).
(A)0.025　(B)0.25　(C)5　(D)-4
(E)-2

12. 各加同一常数于20,50,100,使之成一等比级数,则公比为(　　).
(A)$\dfrac{5}{3}$　(B)$\dfrac{4}{3}$　(C)$\dfrac{3}{2}$　(D)$\dfrac{1}{2}$
(E)$\dfrac{1}{3}$

13. 50个数所成的算术平均值为38,若将其中的两数45与55删除,则余下的数的算术平均值是(　　).
(A)36.5　(B)37　(C)37.2　(D)37.5
(E)37.52

14. 已知集合S的元素是零与正、负偶数,对于其中的任何一对元素施行5种运算法:
(1)加法　(2)减法　(3)乘法　(4)除法
(5)求平均值
这些运算法中仍能产生S的元素的有(　　).
(A)全部　　　　(B)(1)(2)(3)(4)
(C)(1)(2)(3)(5)　(D)(1)(2)(3)
(E)(1)(3)(5)

15. 在直角三角形中,斜边的平方等于两腰乘积的2倍时,那么三角形的一锐角为(　　).
(A)15°　(B)30°　(C)45°　(D)60°
(E)75°

16. 式$\dfrac{x^2-3x+2}{x^2-5x+6} \div \dfrac{x^2-5x+4}{x^2-7x+12}$的最简式是(　　).

(A) $\dfrac{(x-1)(x-6)}{(x-3)(x-4)}$ (B) $\dfrac{x+4}{x-3}$

(C) $\dfrac{x+1}{x-1}$ (D) 1   (E) 2

17. 若 $y=a+\dfrac{b}{x}$, 其中 a,b 是固定的数, 且已知当 $x=-1$ 时, $y=1$; 当 $x=-5$ 时, $y=5$, 则 $a+b$ 等于( ).
(A) -1 (B) 0   (C) 1   (D) 10
(E) 11

18. 前 n 个正整数的平均值是( ).
(A) $\dfrac{n}{2}$ (B) $\dfrac{n^2}{2}$ (C) n (D) $\dfrac{n-1}{2}$
(E) $\dfrac{n+1}{2}$

19. 利用三种不同的砝码:1 g,3 g,9 g,可以称出多少不同物品的重量,假设欲称的物品与砝码可置于天平的两盘之一上( ).
(A) 15   (B) 13   (C) 11   (D) 9
(E) 7

20. 已知 x 与 y 成正比,与 z 的平方成反比,且当 $y=4, z=14$ 时, $x=10$, 那么当 $y=16, z=7$ 时, x 等于( ).
(A) 180   (B) 160   (C) 154   (D) 140
(E) 120

2 第二部分

21. 若 P 为等边三角形的周长, 则其内切圆的面积为( ).

(A) $\dfrac{\pi P^2}{3}$ (B) $\dfrac{\pi P^2}{9}$ (C) $\dfrac{\pi P^2}{27}$ (D) $\dfrac{\pi P^2}{81}$

(E) $\dfrac{\pi P^2 \sqrt{3}}{27}$

22. 联结梯形两对角线中点的线段长为3,若较长的底为97,则较短的底为( ).
(A) 94 (B) 92 (C) 91 (D) 90
(E) 89

23. 方程 $\lg(a^2 - 15a) = 2$ 的解集由下列何者组成( ).
(A) 两个整数 (B) 一个整数与一个分数
(C) 两个无理数 (D) 两个非实数
(E) 无数,即空集合

24. 药剂师有 m g 盐水,其中含盐 $m\%$,欲制成含盐 $2m\%$ 的溶液时,须加盐( ).
(A) $\dfrac{m}{100+m}$ g (B) $\dfrac{2m}{100-2m}$ g
(C) $\dfrac{m^2}{100-2m}$ g (D) $\dfrac{m^2}{100+2m}$ g
(E) $\dfrac{2m}{100+m}$ g

25. 下列何式能满足不等式 $|3-x|<4$ ( ).
(A) $x^2 < 49$ (B) $x^2 > 1$
(C) $1 < x^2 < 49$ (D) $-1 < x < 7$
(E) $-7 < x < 1$

26. 某等腰三角形的底为 $\sqrt{2}$,两腰上的中线互交成直角时,此等腰三角形的面积为( ).
(A) 1.5 (B) 2 (C) 2.5 (D) 3.5
(E) 4

27. 对于方程 $ix^2 - x + 2i = 0 (i = \sqrt{-1})$，下列叙述中何者不真（　　）．
 (A) 诸根之和为2　　(B) 判别式等于9
 (C) 诸根为虚的
 (D) 用求根公式可求得诸根
 (E) 由分析因式可求得诸根

28. 在 $\triangle ABC$ 中，AL 平分 $\angle A$，CM 平分 $\angle C$，且点 L 与 M 分别在 BC 及 AB 上，若 $\triangle ABC$ 的三边为 a,b 及 c，则 $\dfrac{AM}{MB} = k\dfrac{CL}{LB}$，其中 k 为（　　）．

 (A) 1　　(B) $\dfrac{bc}{a^2}$　　(C) $\dfrac{a^2}{bc}$　　(D) $\dfrac{c}{b}$

 (E) $\dfrac{c}{a}$

29. 在共有 n 个问题的试卷中，某学生答对前20题中的15题，余下的问题中他答对 $\dfrac{1}{3}$，所有的问题有相同的计分，若此学生的得分是50%，那么，n 的不同的值有（　　）．
 (A) 4个　　(B) 3个　　(C) 2个　　(D) 1个
 (E) 此问题不能解

30. 甲能在40 s跑完某圆形跑道，乙反向而跑，每15 s遇甲，问乙跑完此跑道历时的秒数是（　　）．
 (A) $12\dfrac{1}{2}$ s　(B) 24 s　　(C) 25 s　　(D) $27\dfrac{1}{2}$ s
 (E) 55 s

31. 某正方形的面积为40，内接于一半圆中，试以另一个正方形内接于同一半径的全圆时，则此正方形的面积为（　　）．

(A)80 (B)100 (C)120 (D)160
(E)200

32. 自点 A 引一圆的切线,切线长为 l,等于此圆半径的 $\frac{4}{3}$,则点 A 距圆的最短距离为( ).

(A)$\frac{1}{2}r$ (B)r (C)$\frac{1}{2}l$ (D)$\frac{2}{3}l$

(E)介于 r 与 l 之间的某一值

33. 设 S_n 表示调和级数前 n 项之和,例如 S_3 表示前 3 项之和,若一调和级数的前 3 项为 3,4,6,则( ).

(A)$S_4 = 20$ (B)$S_4 = 25$
(C)$S_5 = 49$ (D)$S_6 = 49$
(E)$S_2 = \frac{1}{2}S_4$

34. 设 $x^2 - 3x + 1 = 0$ 的根为 r 与 s,则式 $r^2 + s^2$ 为( ).
(A)正整数 (B)大于 1 的正分数
(C)小于 1 的正分数 (D)无理数
(E)虚数

35. 于方程 $(x-m)^2 - (x-n)^2 = (m-n)^2$ 中,m 是正整数,n 是负整数,满足方程的 x 的值的集合是( ).
(A)$x \geq 0$ (B)$x \leq n$ (C)$x = 0$
(D)所有实数集合 (E)非上述的答案

36. 三角形的底边为 80,一底角为 60°,其他两边之和为 90,则最短边为( ).
(A)45 (B)40 (C)36 (D)17
(E)12

37. 化简时,积 $(1-\frac{1}{3})\cdot(1-\frac{1}{4})\cdot(1-\frac{1}{5})\cdot\cdots\cdot(1-\frac{1}{n})$ 变成( ).

(A) $\frac{1}{n}$ (B) $\frac{2}{n}$ (C) $\frac{2(n-1)}{n}$

(D) $\frac{2}{n(n+1)}$ (E) $\frac{3}{n(n+1)}$

38. 若 $4x+\sqrt{2x}=1$,则 x ( ).
   (A)是一个整数   (B)是一个分数
   (C)是一个无理数   (D)是一个虚数
   (E)可有两个不同的值

39. 设 S 为数列 $x+a, x^2+2a, x^3+3a, \cdots$ 的前 9 项之和,则 S 等于( ).

(A) $\frac{50a+x+x^8}{x+1}$ (B) $50a-\frac{x+x^{10}}{x-1}$

(C) $\frac{x^9-1}{x+1}+45a$ (D) $\frac{x^{10}-x}{x-1}+45a$

(E) $\frac{x^{11}-x}{x-1}+45a$

40. 在 △ABC 中,BD 是中线,CF 交 BD 于点 E,且 BE = ED,点 F 在 AB 上,若 BF = 5,则 BA 等于( ).
   (A)10   (B)12   (C)15   (D)20
   (E)非上述的答案

3 第三部分

41. 在一条直线的同侧画三个圆如下:切于直线的一个

圆的半径为4,另两个圆相等,且各切于直线及其他两圆,则两个等圆的半径为( ).

(A)24　　(B)20　　(C)18　　(D)16

(E)12

42. 已知3个正整数 a,b 与 c ,它们的最大公因数是 D ,最小公倍数是 M ,在下列叙述中,哪两则是真的( ).

(1)积 MD 不小于 abc 　(2)积 MD 不大于 abc

(3)当且仅当 a,b,c 各为质数, MD 等于 abc

(4)当且仅当 a,b,c 两两互质, MD 等于 abc

(A)(1),(2)　　　　(B)(1),(3)

(C)(1),(4)　　　　(D)(2),(3)

(E)(2),(4)

43. 三角形的三边为25,39及40,外接圆的直径为( ).

(A)$\dfrac{133}{3}$　(B)$\dfrac{125}{3}$　(C)42　　(D)41

(E)40

44. $x^2+bx+c=0$ 的根为实数且大于1,设 $s=b+c+1$,则 s ( ).

(A)可能小于零　　　(B)可能等于零

(C)应大于零　　　　(D)应小于零

(E)应介于 -1 与 $+1$ 之间

45. 若 $(\log_3 x)(\log_x 2x)(\log_{2x} y) = \log_x x^2$,则 y 等于( ).

(A)$\dfrac{9}{2}$　(B)9　　(C)18　　(D)27

(E)81

46. 某学生于 d 天的假期中观察:

(1)下7次雨,在上午或下午

(2)当下午下雨时,上午是晴天

(3)一共有5天下午晴天

(4)一共有6天上午晴天

则 d 等于(   ).

(A)7   (B)9   (C)10   (D)11

(E)12

47. 假设下列三个叙述为真:

(Ⅰ)所有新生都是人   (Ⅱ)所有研究生都是人

(Ⅲ)某些研究生在思考

已知下列四叙述:

(1)所有新生都是研究生

(2)某些人在思考

(3)没有新生在思考

(4)在思考的某些人不是研究生

其中为(Ⅰ),(Ⅱ)及(Ⅲ)逻辑结果的叙述是(   ).

(A)(2)   (B)(4)   (C)(2),(3)

(D)(2),(4)   (E)(1),(2)

48. 已知多项式 $a_0 x^n + a_1 x^{n-1} + \cdots + a_{n-1} x + a_n$,其中 n 是正整数或零,a_0 是正整数,余下的 a_i 都是整数或零,令 $h = n + a_0 + |a_1| + |a_2| + \cdots + |a_n|$,当 $h = 3$ 时,构成多项式的数目为(   ).

(A)3   (B)5   (C)6   (D)7

(E)9

49. 对于无穷级数 $1 - \frac{1}{2} - \frac{1}{4} + \frac{1}{8} - \frac{1}{16} - \frac{1}{32} + \frac{1}{64} - \frac{1}{128} - \cdots$,设 S 是(极限)和,则 S 等于(   ).

(A) 0 (B) $\dfrac{2}{7}$ (C) $\dfrac{6}{7}$ (D) $\dfrac{9}{32}$

(E) $\dfrac{27}{32}$

50. 一个俱乐部有 x 个会员,按下列的两规则组成 4 个委员会:
(1) 每一个会员属两个且仅两个委员会;
(2) 每两个委员会共有一且仅一个委员.
则 x (　　).
(A) 不能确定
(B) 有唯一值介于 8 与 16 间
(C) 有两个值介于 8 与 16 间
(D) 有唯一值介于 4 与 8 间
(E) 有两个值介于 4 与 8 间

4　答　案

1. (B)　2. (D)　3. (E)　4. (C)　5. (A)　6. (D)
7. (D)　8. (A)　9. (C)　10. (D)　11. (D)
12. (A)　13. (D)　14. (D)　15. (C)　16. (D)
17. (E)　18. (E)　19. (B)　20. (B)　21. (C)
22. (C)　23. (A)　24. (C)　25. (D)　26. (A)
27. (A)　28. (E)　29. (D)　30. (B)　31. (B)
32. (C)　33. (B)　34. (A)　35. (E)　36. (D)
37. (B)　38. (B)　39. (D)　40. (C)　41. (D)
42. (E)　43. (B)　44. (C)　45. (B)　46. (B)
47. (A)　48. (B)　49. (B)　50. (D)

5　1959年试题解答

1. 由题意得
$$(1+\frac{1}{2})(1+\frac{1}{2})-1=\frac{9}{4}-1=\frac{5}{4}=125\%$$

答案:(B).

2. 设点 P 至 AB 的距离为 x,则
$$\frac{1}{2}=\frac{(1-x)^2}{1^2}$$

即
$$1-x=\pm\frac{1}{\sqrt{2}}$$

所以 $x=\frac{2-\sqrt{2}}{2}>0.$

答案:(D).

3. 对角线互相垂直的四边形还有"筝形".

答案:(E).

4. 由题意得
$$78\times\frac{\frac{1}{3}}{1+\frac{1}{3}+\frac{1}{6}}=\frac{156}{9}=17\frac{1}{3}$$

答案:(C).

5. 由题意得
$$(256)^{0.16}\cdot(256)^{0.09}=(256)^{\frac{16}{100}}\cdot(256)^{\frac{9}{100}}$$
$$=(256)^{\frac{25}{100}}=(256)^{\frac{1}{4}}=4$$

答案:(A).

第 5 章　1959 年试题

6. 此正命题的逆命题不一定真,其否命题也不一定真.
答案:(D).

7. 由题意得
$$(a+2d)^2 = (a+d)^2 + a^2$$
整理得
$$4ad + 4d^2 = a^2 + 2ad + d^2$$
整理得
$$2ad + 3d^2 = a^2$$
移项得
$$a^2 - 2ad - 3d^2 = 0$$
整理得
$$(a-3d)(a+d) = 0$$
所以
$$a = 3d, \frac{a}{d} = 3$$
答案:(D).

8. 由题意得
$$x^2 - 6x + 13 = (x-3)^2 + 4$$
当 $x=3$ 时此式的值最小.
答案:(A).

9. 由题意得
$$n(1 - \frac{1}{2} - \frac{1}{4} - \frac{1}{5}) = 7$$
所以
$$n(\frac{20 - 10 - 5 - 4}{20}) = 7$$
所以 $n \times \frac{1}{20} = 7$,所以 $n = 140$.
答案:(C).

10. 设点 B 至 AC 的高为 h,因
$$AD = 1.2 = \frac{1}{3}AB$$

所以点 D 至 AC 的高为 $\frac{1}{3}h$(由相似形). 因为

$$S_{\triangle ADE} = S_{\triangle ABC}$$

故

$$\frac{1}{2} \cdot AE \cdot \frac{1}{3}h = \frac{1}{2} \cdot AC \cdot h$$

所以 $AE = 3 \times 3.6 = 10.8$.

答案:(D).

11. 由题意得

$$\log_2 0.0625 = \log_2 \frac{625}{10\,000} = \log_2 \left(\frac{5}{10}\right)^4$$

$$= 4\log_2 \left(\frac{1}{2}\right) = -4$$

答案:(D).

12. 设公比为 r,常数为 c,则 $20+c, 50+c, 100+c$ 成等比级数,即

$$(20+c)(100+c) = (50+c)^2$$

整理得

$$2\,000 + 120c + c^2 = 2\,500 + 100c + c^2$$

故

$$20c = 500$$

所以 $c = 25$,所以

$$r = \frac{100+c}{50+c} = \frac{50+c}{20+c} = \frac{75}{45} = \frac{5}{3}$$

答案:(A).

13. 由题意得

$$38 \times 50 = 1\,900$$

又因

$$1\,900 - (45+55) = 1\,800$$

故 48 个数的算术平均值为

$$1\,800 \div (50-2) = 37.5$$

答案:(D).

14. 除法及取平均值的结果未必恒为偶数.

答案:(D).

15. 设 a,b,c 为此直角三角形的三边长,其中 c 为斜边长,则

$$\begin{cases} a^2 + b^2 = c^2 \\ 2ab = c^2 \end{cases}$$

所以 $a^2 + b^2 = 2ab$,所以 $a = b$. 可见此直角三角形的两锐角相等,均为 $45°$.

答案:(C).

16. 由题意得

$$\frac{x^2 - 3x + 2}{x^2 - 5x + 6} \div \frac{x^2 - 5x + 4}{x^2 - 7x + 12}$$

$$= \frac{(x-2)(x-1)}{(x-2)(x-3)} \div \frac{(x-4)(x-1)}{(x-3)(x-4)}$$

$$= \frac{(x-2)(x-1)}{(x-2)(x-3)} \times \frac{(x-3)(x-4)}{(x-4)(x-1)} = 1$$

答案:(D).

17. 由题意得

$$1 = a + \frac{b}{(-1)}$$

所以

$$a - b = 1 \qquad ①$$

又 $5 = a + \dfrac{b}{(-5)}$,所以

$$5a - b = 25 \qquad ②$$

式②-式①得 $4a = 24$,所以 $a = 6$,所以 $b = 5$,所以

$a+b=11.$

答案:(E).

18. 由题意得

$$\text{平均值} = \frac{\text{各数之和}}{\text{项数}} = \frac{1+2+3+\cdots+n}{n}$$

$$= \frac{\frac{n(n+1)}{2}}{n} = \frac{n+1}{2}$$

答案:(E).

19. 砝码　　　　　　　　　　　　可能称的次数

1. 只用 1 个　　　　　　　　　　　3
2. 同时用 2 个(在同一盘上)　　　　3
3. 同时用 3 个(在同一盘上)　　　　1
4. 同时用 2 个(分别在两盘上)　　　3
5. 同时用 3 个(分别在两盘上)　　　3

　　　　　　　　　　　　　　共计 13

答案:(B).

20. 由题意得

$$x = k\frac{y}{z^2}$$

当 $y=4, z=14, x=10$ 时,则

$$k = \frac{10 \times 14^2}{4} = 490$$

故当 $y=16, z=7, k=490$ 时

$$x = 490 \times \frac{16}{7^2} = 160$$

答案:(B).

21. 已知正三角形的周长是 P,故一边长为 $\frac{P}{3}$,则高为

$\frac{P}{3} \cdot \frac{\sqrt{3}}{2} = \frac{\sqrt{3}P}{6}$,但高等于外接圆半径的 $\frac{3}{2}$ 倍,所以

外接圆的半径为 $\frac{\sqrt{3}}{6}P \div \frac{3}{2} = \frac{\sqrt{3}}{9}P$,所以圆的面积为

$\pi(\frac{\sqrt{3}P}{9})^2 = \frac{3\pi P^2}{81} = \frac{\pi P^2}{27}$.

答案:(C).

22. 由题意得

$$3 = \frac{1}{2}(97 - a)$$

(由中点连线性质可证明).所以

$$a = 97 - 6 = 91$$

答案:(C).

23. 由题意得

$$\lg(a^2 - 15a) = 2, a^2 - 15a = 10^2$$

所以 $a = 20$ 或 -5.

答案:(A).

24. 设须加盐 x g,有

$$\frac{m \times m\% + x}{m + x} = 2m\%$$

所以 $x = \frac{m^2}{100 - 2m}$.

答案:(C).

25. 因为

$$|3 - x| < 4$$

即 $-4 < 3 - x < 4$,所以 $-4 - 3 < -x < 4 - 3$, $-1 < x < 7$.

答案:(D).

26. 两中线的交点为重心,因与底边的两端点形成一等腰直角三角形,故此等腰直角三角形的面积为0.5,而为原三角形面积的 $\frac{1}{3}$. 所以原等腰三角形的面积为1.5.

答案:(A).

27. 因两根之和为 $-\left(\frac{-1}{i}\right)=i$.

答案:(A).

28. 由角平分线分对边与三角形其他两边成比例定理知

$$\frac{AM}{MB}=\frac{CA}{CB}, \frac{CL}{LB}=\frac{AC}{AB}$$

以上两式相除

$$\frac{\frac{AM}{MB}}{\frac{CL}{LB}}=\frac{\frac{CA}{CB}}{\frac{AC}{AB}}=\frac{AB}{CB}=k$$

所以 $k=\frac{c}{a}$.

答案:(E).

29. 设每题以 t 分计算,总分为 nt,答对为

$$15t+(n-20)\times\frac{1}{3}t$$

即

$$\frac{15+\frac{1}{3}(n-20)}{n}=50\%$$

整理得

$$30+\frac{2}{3}(n-20)=n$$

整理得

第 5 章 1959 年试题

$$90 - 40 = n$$

所以 $n = 50$.

答案:(D).

30. 设乙跑完跑道历时 t s,则

$$\frac{15}{40-15} = \frac{t}{40}$$

所以 $t = 24(\text{s})$.

或设乙跑完跑道需 t s,跑道长 l,则

$$\frac{l}{40} \times 15 + \frac{l}{t} \times 15 = l$$

所以 $\frac{3}{8} + \frac{15}{t} = 1$,所以 $t = 24(\text{s})$.

答案:(B).

31. 该半圆的半径为 $\sqrt{s^2+(\frac{1}{2}s)^2}$(其中 s 是内接于半圆的正方形的边长),而此半圆的直径即为此圆内接正方形的对角线,故一边长为

$$\sqrt{2} \cdot \sqrt{s^2+\frac{1}{4}s^2}$$

所以此正方形的面积为

$$\begin{aligned}(\sqrt{2} \cdot \sqrt{s^2+\frac{1}{4}s^2})^2 &= 2s^2(\frac{5}{4}) \\ &= \frac{5}{2}s^2 \\ &= \frac{5}{2} \times 40 \\ &= 100\end{aligned}$$

答案:(B).

32. 设该圆的圆心为 O,半径为 r,则

$$OA = \sqrt{r^2 + \left(\frac{4}{3}r\right)^2} = \frac{5}{3}r$$

最短距离为

$$OA - r = \frac{2}{3}r = \frac{2}{3} \times \frac{3}{4}l = \frac{1}{2}l$$

答案:(C).

33. 因 3,4,6 成调和级数,故 $\frac{1}{3}, \frac{1}{4}, \frac{1}{6}$ 成等差级数,而等差级数 $\frac{1}{3}, \frac{1}{4}, \frac{1}{6}$ 的公差为 $-\frac{1}{12}$,所以此等差级数的第 5 项为 0(因为 $\frac{1}{3} + (5-1) \times \frac{-1}{12} = 0$). 因 0 不存在倒数,故此调和级数至第 4 项为止,故

$$S_4 = 3 + 4 + 6 + 12 = 25$$

答案:(B).

34. 由题意得

$$r^2 + s^2 = (r+s)^2 - 2rs = 3^2 - 2 \times 1 = 7$$

答案:(A).

35. 由题意得

$$(x-m)^2 - (x-n)^2 = (m-n)^2$$

整理得

$$(x-m+x-n)(x-m-x+n) = (m-n)^2$$

即

$$(2x-m-n)(n-m) = (m-n)^2$$

因 m 为正整数,n 为负整数,故

$$m - n \neq 0$$
$$2x - m - n = n - m$$

所以 $2x = 2n$,所以 $x = n$.

答案:(E).

第 5 章　1959 年试题

36. 设此三角形为 $\triangle ABC$，$AB=80$，$BC=a$，$CA=b=90-a$，$\angle B=60°$，CD 为 AB 上的高，且设 $BD=x$，所以
$$CD=\sqrt{3}x, a=2x, b=90-2x$$
$$3x^2+(80-x)^2=(90-2x)^2$$
所以 $x=\dfrac{17}{2}$，且 $a=17$，$b=73$。

答案：(D)．

37. 由题意得
$$\left(1-\dfrac{1}{3}\right)\cdot\left(1-\dfrac{1}{4}\right)\cdot\left(1-\dfrac{1}{5}\right)\cdot\cdots\cdot\left(1-\dfrac{1}{n}\right)$$
$$=\dfrac{2}{3}\cdot\dfrac{3}{4}\cdot\dfrac{4}{5}\cdot\cdots\cdot\dfrac{n-1}{n}=\dfrac{2}{n}$$

答案：(B)．

38. 由题意得
$$4x+\sqrt{2x}=1$$
整理得
$$\sqrt{2x}=1-4x$$
所以 $2x=(1-4x)^2$，所以
$$16x^2-10x+1=0,\ (2x-1)(8x-1)=0$$
所以 $x=\dfrac{1}{2}$ 或 $\dfrac{1}{8}$（其中 $\dfrac{1}{2}$ 不合题意）．

答案：(B)．

39. 由题意得
$$S=(x+a)+(x^2+2a)+(x^3+3a)+\cdots+(x^9+9a)$$
$$=(x+x^2+\cdots+x^9)+(a+2a+\cdots+9a)$$
$$=\dfrac{x(x^9-1)}{x-1}+a\times\dfrac{9}{2}[2+(9-1)\times 1]$$

$$= \frac{x^{10}-x}{x-1} + 45a$$

答案:(D).

40. 在 CE 上取一点 G 使 $FE=EG$,则
$$BF /\!/ DG$$
(因为 $\triangle EFB \cong \triangle EDG$),且 $BF=DG$,所以
$$DG=5$$
$$AF=2DG=10$$
(中点连线性质). 所以
$$AB=AF+FB=15$$

答案:(C).

41. 如图所示,设 x 为两个等圆的半径,则
$$x^2+(x-4)^2=(x+4)^2$$
则 $x=16, 0$(但 $x\neq 0$).

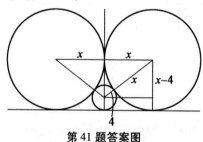

第41题答案图

答案:(D).

42. 将 a,b,c 各表示成质因数的形式,则 D 是各因数中次数最低的因数之积. 而 M 是各因数中次数最高的因数之积. 所以 MD 不会大于 a,b,c 之积(a,b,c 之积因各因数可能有相同时,乘积的因数的次数就更高了,而大于 M 的同因数的指数). 但当 a,b,c 互质时,$MD=abc$.

答案:(E).

43. 设外接圆的半径为 R,s 为周长的一半,得

$$R = \frac{abc}{4\sqrt{s(s-a)(s-b)(s-c)}}$$

$$= \frac{25 \times 39 \times 40}{4(52 \times 27 \times 13 \times 12)^{\frac{1}{2}}} = 20\frac{5}{6}$$

所以 $2R = \frac{125}{3}$.

答案:(B).

44. 令两根分别为 $1+m, 1+n$,其中 m,n 为正数,则

$$1+m+1+n = -b$$
$$(1+m)(1+n) = c$$

所以

$$s = b+c+1$$
$$= -(1+m+1+n) + (1+m) \times (1+n) + 1$$
$$= -2-m-n+1+m+n+mn+1$$
$$= mn > 0$$

答案:(C).

45. 由题意得

$$(\log_3 x)(\log_x 2x)(\log_{2x} y) = \log_x x^2$$

所以 $\log_3 y = 2$,所以 $y = 3^2 = 9.$

答案:(B).

46. 如下:

	雨晨	晴晨
雨午	a	b
晴午	c	e

所以 $d = a+b+c+e$,其中 $a+b+c = 7, a = 0, c+e = 5, b+e = 6$,所以 $e = 2$,所以 $d = 9.$

答案:(B).

47. 如图:

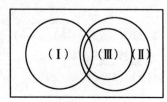

第47题答案图

命题:假设$\{p\}\to$结论$\{q\}$,若$\{q\}>\{p\}$,则命题真. 若$\{q\}\not>\{p\}$,则命题不真.

答案:(A).

48. 由题意得
$$3 = n + a_0 + |a_1| + |a_2| + \cdots + |a_n|$$
不定方程的解有:$n=0, a_n=3; n=1, a_{n-1}=2;$
$n=1, a_n=\pm 1, a_{n-1}=1; n=2, a_{n-1}=1, a_n=0;$
$3x^0, 2x^1, 1x^1+1, 1x^1-1, 1x^2.$

答案:(B).

49. 由题意得

$$(1-\frac{1}{2}-\frac{1}{4})+(\frac{1}{8}-\frac{1}{16}-\frac{1}{32})+$$
$$(\frac{1}{64}-\frac{1}{128}-\frac{1}{256})+\cdots = \frac{1}{4}+\frac{1}{32}+\frac{1}{256}+\cdots$$

所以 $S = \dfrac{\frac{1}{4}}{1-\frac{1}{8}} = \dfrac{2}{7}.$

或者,分成三个级数:

$S_1 = 1+\dfrac{1}{8}+\dfrac{1}{64}+\cdots,$ 所以 $S_1 = \dfrac{1}{1-\frac{1}{8}} = \dfrac{8}{7}.$

$S_2 = \dfrac{1}{2} + \dfrac{1}{16} + \cdots$,所以 $S_2 = \dfrac{\frac{1}{2}}{1-\frac{1}{8}} = \dfrac{4}{7}$.

$S_3 = \dfrac{1}{4} + \dfrac{1}{32} + \cdots$,所以 $S_3 = \dfrac{\frac{1}{4}}{1-\frac{1}{8}} = \dfrac{2}{7}$.

所以 $S = S_1 - S_2 - S_3 = \dfrac{2}{7}$.

答案:(B).

50. $C_4^2 = 6$,即 4 个委员会中任意两个委员有 1 人兼任,故共有 6 人.

答案:(D).

Edgur 问题

1 一道初二竞赛题

1993年北京市初中二年级数学竞赛有一道题为:

试题 p 是素数,且 p^4 的全部正约数之和恰是一个完全平方数,则满足上述条件的素数 p 的个数是( ).

(A)3 (B)2 (C)1 (D)0

答案:(C).

解 因 p 是素数,所以 p^4 有 5 个正因数:$1, p, p^2, p^3, p^4$.

依题意有

$$1 + p + p^2 + p^3 + p^4 = n^2 \quad (n \in \mathbf{N}) \quad ①$$

则 $(2n)^2 > 4p^4 + 4p^3 + p^2 = (2p^2 + p)^2$

又

$(2n)^2 > 4p^4 + p^2 + 4 + 4p^3 + 8p^2 + 4p$
$= (2p^2 + p + 2)^2$

即 $(2p^2 + p)^2 < (2n)^2 < (2p^2 + p + 2)^2$

附录　Edgur 问题

故 $(2n)^2 = (2p^2 + p + 1)^2 = 4p^4 + 4p^3 + 5p^2 + 2p + 1$

上式与

$$4n^2 = 4p^4 + 4p^3 + 4p^2 + 4p + 4$$

联立，解得 $p^2 - 2p - 3 = 0$，解得 $p = 3, p = -1$（舍去）.

当我们将式①中对 p 是素数的限制取消后，问题可变为一个著名问题.

2　Bennet 方法

问题 1　试证明：使 $x^4 + x^3 + x^2 + x + 1$ 是一个完全平方数的整数 $x = -1, 0, 3$.

证明　这个问题，在 Bennet 教授根据著名的配方法提出下述巧妙的方法之前，长达 7 年未有解决.

我们来求方程

$$y^2 = x^4 + x^3 + x^2 + 1 + x$$

的解.

为此，把 y 以 x 表示，现有

$$\left(x^2 + \frac{x}{2}\right)^2 = x^4 + x^3 + \frac{x^2}{4}$$

右端的前两项已经是 y 的表达式的前两项，$x^2 + \frac{x}{2} + 1$ 的值更接近 y 值

$$\left(x^2 + \frac{x}{2} + 1\right)^2 = x^4 + x^3 + \frac{9}{4}x^2 + x + 1 = y^2 + \frac{5}{4}x^2$$

但是，当 $x \neq 0$ 时，这个值太大. 另一方面

$$\left(x^2 + \frac{x}{2} + \frac{\sqrt{5} - 1}{4}\right)$$

$$= x^4 + x^3 + \frac{2\sqrt{5}-1}{4}x^2 + \frac{\sqrt{5}-1}{4}x + \frac{3-\sqrt{5}}{8}$$

$$= y^2 - \frac{5-2\sqrt{5}}{4}\left(x + \frac{3+\sqrt{5}}{2}\right)^2 < y^2$$

这是因为 $\dfrac{5-2\sqrt{5}}{4}$ 大于 0,而且 x 不等于无理数 $-\dfrac{3+\sqrt{5}}{2}$. 由此,我们对两端有了估计. y 值位于由近似确定的下述边界之间

$$x^2 + \frac{x}{2} + \frac{\sqrt{5}-1}{4} < |y| \leq x^2 + \frac{x}{2} + 1$$

这就表明

$$x^2 + \frac{x + \left(\dfrac{\sqrt{5}-1}{2}\right)}{2} < |y| \leq x^2 + \frac{x+2}{2}$$

对于一个适当的实数 k, $\dfrac{\sqrt{5}-1}{2} < k \leq 2$,则有

$$|y| = x^2 + \frac{x+k}{2}$$

由于 x 和 y 都是整数,表明 $\dfrac{x+k}{2}$ 也是整数,因而 $x+k$ 是偶数. 从而,k 也是一个整数. 因此,k 的一些可能的值是 1 和 $\dfrac{2(\sqrt{5}-1)}{2}$,在 0 和 1 之间. 现在,研究 $k=2$ 和 $k=1$ 的情形.

当 $k=2$ 时,$|y| = x^2 + \dfrac{x}{2} + 1$,由

$$\left(x^2 + \frac{x}{2} + 1\right)^2 = y^2 + \frac{5}{4}x^2$$

得到 $y^2 = y^2 + \dfrac{5}{4}x^2$,即 $x = 0$.

当 $k = 1$ 时,有 $|y| = x^2 + \dfrac{x+1}{2}$.另一方面,易知

$$y^2 = \left(x^2 + \dfrac{x+1}{2}\right)^2 - \dfrac{(x-3)(x+1)}{2}$$

从而说明 $\quad y^2 = y^2 - \dfrac{(x-3)(x+1)}{2}$

由此得知 $(x-3)(x+1) = 0$,这又说明 $x = 3$ 或 $x = -1$.只要验证 $x = -1, 0, 3$ 时,y 确取整数值,便得证.

长时间以来,人们一直认为,这种巧妙的证明是非常可观的成就. 但是令人惊奇和兴奋的是,在《数学文摘》(Mathematical Digest)中,发现了一种类似的,但是更加漂亮的解法.《数学文摘》是一家不苛求的复写的刊物,是为南非 Kapstade 郊区的一所高中的学生办的.

这家杂志在 1973 年 7 月号中,给出了下述解答:

证明 注意到

$$\left(x^2 + \dfrac{x}{2}\right)^2 = x^4 + x^3 + \dfrac{x^2}{2}$$

$$= x^4 + x^3 + x^2 + x + 1 - \left(\dfrac{3}{4}x^2 + x + 1\right)$$

$$= y^2 - \dfrac{1}{4}(3x^2 + 4x + 4)$$

由于 $3x^2 + 4x + 4$ 的判别式(即 $4^2 - 4 \times 3 \times 4 = -32$)是负的,所以,对一切实数,$x$, $3x^2 + 4x + 4$ 均为正. 这就是说

$$\left(x^2 + \dfrac{x}{2}\right)^2 < y^2$$

或 $$\left(x^2+\frac{x}{2}\right)<|y|$$

后者是因为 $$x^2+\frac{x}{2}=x\left(x+\frac{1}{2}\right)$$

对所有整数均非负,因而有

$$\left|x^2+\frac{x}{2}\right|=x^2+\frac{x}{2}$$

由此得出 $$x^2+\frac{x}{2}<|y|$$

如果 x 是一个偶整数,则 $x^2+\left(\frac{x}{2}\right)$ 同样也是整数. 这对较大的整数 $|y|$ 而言, 表明它至少要比 $\left(x^2+\frac{x}{2}\right)$ 大 1. 如果 x 是奇数,则 $x^2+\frac{x}{2}$ 位于两个相邻整数之间. 因此, $|y|$ 必定至少大于 $\frac{1}{2}$,在上述情况下,均有

$$|y|\geqslant\left(x^2+\frac{x}{2}\right)+\frac{1}{2}$$

$$y^2\geqslant x^4+x^3+\frac{5}{4}x^2+\frac{x}{2}+\frac{1}{4}$$

$$=x^4+x^3+x^2+1+\left(\frac{x^2}{4}-\frac{x}{2}-\frac{3}{4}\right)$$

$$=y^2+\frac{1}{4}(x^2-2x-3)$$

这就表明 $x^2-2x-3\leqslant 0$,因而 $(x+1)(x-3)\leqslant 0$,所以 x 必取 $-1,0,1,2,3$ 中的某个值. 将 $x=1$ 和 $x=2$ 代入,则证明 $x^4+x^3+x^2+1$ 不是一个完全平方数. 因而 x 只能是 $-1,0,3$. 证毕.

3 Edgur 猜想

事实上,上述试题是一个著名问题的特例,出于研究有限群的需要,Edgur 提出了如下问题:除 $\frac{3^5-1}{3-1}=11^2$ 外,方程

$$\frac{q^x-1}{q-1}=p^y \quad (x\geqslant 5, y\geqslant 2, p,q \text{ 是素数}) \qquad ②$$

是否存在另外的解.

曹珍富给出了方程②有解的充要条件,他证明了如下定理:

定理 1 设 $D=p(q-1)$,则方程②有 $2 \nmid y$ 的解的充要条件是方程

$$x^2+Dy^2=q^z$$

有解 $x>0, y>0, z>0$,且 $x_1=1, y_1=p^{\frac{y-1}{2}}, z_1=x$. 这里 x_1, y_1, z_1 满足 $x_1^2+Dy_1^2=q^{z_1}, x_1>0, y_1>0$ 且使 z_1 为最小的正整数.

由此可推出,对给定的 p,q,方程②最多有一组解 x,y. 另外曹珍富还定出了方程②的解 x,y 的上界,例如

$$x<\sqrt{pq(q-1)}\frac{\log(pq(q-1))}{\log q}$$

著名数论专家 Ljunggren 曾证明了方程 $\frac{x^n-1}{x-1}=y^2$ ($n\geqslant 4$)仅有正整数解

$$\frac{7^4-1}{7-1}=20^2 \text{ 和 } \frac{3^5-1}{3-1}=11^2$$

这是 Ljunggren 利用代数数论在 1943 年的《Norsk Mur》中给出的. 1990 年, 曹珍富和吴波在《青年科技论文集》(黑龙江科学技术出版社) 中的"关于 Diophantus 方程 $\frac{x^n-1}{x-1}=y^2$ 的一个初等解法与 Edgur 方程"一文中给出了初等解法.

更为一般的方程是

$$\frac{x^n-1}{x-1}=y^m \quad (n\geqslant 3, m>1, |x|>1) \qquad ③$$

1920 年, Nugell 在《Norsk Mat》(Tidssk) 中证明了:

如果 $n\equiv 0 \pmod{4}$, 则方程③仅有整数解 $n=4$, $x=7, m=2, y=\pm 20$.

1943 年, Ljunggren 证明了:

如果 $n\equiv 0 \pmod 3$, 则方程③仅有解 $m=n=3$, $x=18$ 或 $-19, y=7$;

如果 $m=3, n\not\equiv -1 \pmod 6$, 则方程③仅有解 $n=3, x=18$ 或 $-19, y=7$.

由于在 $m=2$ 时, 利用 Catalan 方程 $x^2-1=y^n(n>1)$ 的结果知, 方程③给出 $2\nmid n$, 于是方程③可化为

$$x(x^{\frac{n-1}{2}})^2-(x-1)y^2=1$$

所以利用 Pell 方程

$$z^2-x(x-1)\bar{y}^2=1$$

的全部解可以给出 Ljunggren 定理的一个简短的初等证明.

1960 年, 柯召在《四川大学学报》上用不等式法证明了:

在 $m=2, 2\nmid n, |x|>2^{n-2}$ 时, 方程③无整数解.

附录　Edgur 问题

1988 年,曹珍富创造了一种初等方法,步骤如下:

(1) 把欲求的方程化为 Pell 方程;

(2) 利用 Pell 方程的解的性质,把欲求解的方程转化为 Pell 方程基本解间的关系;

(3) 利用解析数论中关于基本解的估计,定出解的不等式或解的上界.

他利用此方法,求解了方程

$$\frac{x^m-1}{x-1}=y^n \quad (m>2, n>1)$$

发表在 1988 年 9 月山东大学纪念闵嗣鹤教授学术报告会的论文集中.

1972 年,Iukeri 在《Acta Arith》上发表文章考虑了更一般的方程

$$a\frac{x^n-1}{x-1}=y^m \quad (n\geqslant 3, m>1)$$

的解. 在 $1<a<x\leqslant 10$ 时,他给出了方程③的全部解是 $n=a=4, x=7, m=2, y=40$.

当 Baker 方程在 Diophantus 方程领域大显身手的时候,Shorey 在 1986 年利用它证明了:如果 $\omega(h)=h-2, \omega(n)$ 表示不同素因子的个数,则方程③仅有有限组解;如果 x 是一个 m 次幂,则 x,y,m,u 是可以有效计算的.

Shorey 还进一步用此方程考虑了方程

$$a\frac{x^m-1}{x-1}=y\frac{y^n-1}{y-1} \quad (x>1, y>1, m>1, n>1)$$

4 与之相关的 Gel'fond-Baker 方法

对于此类问题,人们还动用了 Gel'fond-Baker 方法这样的高级工具. 在 Diophantus 方程中我们较常见的是如下一类所谓多项式方程,它可表示为

$$f(x_1, x_2, \cdots, x_m) = 0 \quad (x_1 \in \varPhi_1, x_2 \in \varPhi_2, \cdots, x_m \in \varPhi_m)$$

其中 $f(x_1, x_2, \cdots, x_m)$ 是未定义 $x_1, x_2, \cdots, x_m$ 的整系数多项式, $\varPhi_i (i=1,2,\cdots,m)$ 是未知数 $x_i (i=1,2,\cdots,m)$ 取值的集合.

Gel'fond-Baker 方法就是用来估计此类型方程解的上限,这一方法的提出与 Hilbert 的第七问题有关.

问题 2 当 α 为不等于 0 或 1 的代数数, β 为非有理数的代数数时, α^β 是不是超越数?

1934 年,前苏联数学家 Gel'fond 和德国数学家 Schneider 分别独立地解决了这一问题.

他们的结果可以等价地表述为:

定理 2 对于非零代数数 α_1, α_2, 如果 $\log \alpha_1$, $\log \alpha_2$ 在有理数域 **Q** 上线性无关,则它们在 A(全体代数数)上也线性无关.

1925 年, Gel'fond 提出可否将其推广到任意多个非零代数数的情况.

1966 年,英国数学家 Baker 完整地解决了这一猜想,他证明了如下定理:

定理 3 设 $\alpha_1, \alpha_2, \cdots, \alpha_n$ 是非零代数数,如果 $\log \alpha_1, \cdots, \log \alpha_n$ 在 **Q** 上线性无关,则 $1, \log \alpha_1, \cdots, \log \alpha_n$ 在 A 上同样线性无关.

附录 Edgur 问题

设 $\beta_0, \beta_1, \cdots, \beta_n$ 是非零代数数,此时
$$\Lambda = \beta_0 + \beta_1 \log \alpha_1 + \cdots + \beta_n \log \alpha_n$$
则称关于代数数 $1, \alpha_1, \cdots, \alpha_n$ 的对数线性. 由 Baker 定理可知当 $\log \alpha_1, \cdots, \log \alpha_n$ 在 **Q** 上线性无关时,必有 $\Lambda \neq 0$. 在此条件下 Gel'fond 首先对 $n = 2$ 的情况给出了 $|\Lambda|$ 的可有效计算的下界,他证明了:当 $n = 2$ 且 $\beta_0 = 0$ 时,对于任何正数 δ 必有
$$\log |\Lambda| > -C_1(\delta, d, A)(\log B)^{5+\delta}$$
其中 $d = [Q(\alpha_1, \alpha_2, \beta_1, \beta_2) : Q]$, A, B 分别是两组代数数 α_1, α_2 以及 β_1, β_2 的高的最大值,$C_1(\delta, d, A)$ 是仅与 δ, d, A 有关的可有效计算的正常数.

1968 年,Baker 又将其推广为:

定理 4 当 $\Lambda \neq 0$ 时,对任意正数 δ 必有
$$\log |\Lambda| > -C_2(\delta, n, d, A)(\log B)^{n+1+\delta}$$
其中 $d = [Q(\alpha_1, \cdots, \alpha_n, \beta_0, \beta_1, \cdots, \beta_n) : Q]$, A, B 分别是代数数 $\alpha_1, \cdots, \alpha_n$ 以及 $\beta_0, \beta_1, \cdots, \beta_n$ 的高的最大值,$C_2(\delta, n, d, A)$ 是仅与 δ, n, d, A 有关的可有效计算的正常数.

这个结果对许多 Diophantus 方程都有应用,现在我们从另一个角度看 Edgur 问题.

设 k 是一个大于 1 的整数,此时,任何给定的正整数 a 都可唯一地表示成
$$a = b_0 + b_1 k + \cdots + b_t k^t \qquad \text{④}$$
其中 t 是非负整数,$b_i (i = 0, 1, \cdots, t)$ 是适合 $0 \leq b_i \leq k-1$ 的整数,此式称为 a 的 k-adic 表示. 当式④中的 $b_i (i = 0, 1, \cdots, t)$ 都等于 1 时,a 称为 k-adic 重单位数.

从式④知如此的 a 满足
$$a = \frac{k^{t+1} - 1}{k - 1}$$

由于数论、群论及组合数学中很多重要问题都与重单位数中的完全方幂有关,所以研究

$$\frac{x^m-1}{x-1}=y^n \quad (x,y,m,n\in \mathbf{N})$$

$$(x>1,y>1,m>2,n>2) \qquad ⑤$$

是重要的.

Shorey 和 Tijdeman 曾提出如下猜想:

猜想 方程⑤仅有有限多组解(x,y,m,n).

1976 年,Shorey 和 Tijdeman 根据 Gel'fond-Baker 方法,在超椭圆方程方面取得的结果证明了在方程⑤的 4 个未知数 x,y,m,n 中至少有一个是给定的数或有给定的素因数时,该方程仅有有限多组解(x,y,m,n),而且这些解都是可以有效计算的. 1993 年,乐茂华先生综合运用 Diophantus 逼近方法和 Gel'fond-Baker 定理去掉了上述限制,他证明了:

方程⑤仅有有限组解(x,y,m,n)适合 $y\equiv 1(\bmod 4)$,以及 x 是素数的方幂,且这些解都满足 $x^m<C_1$.

1996 年,袁平之在《数学学报》发表了"关于 Diophantus 方程 $\frac{x^m-1}{x-1}=y^n$ 的一个注记"一文,去掉了上述定理中"x 是素数方幂"的条件.

在本节开始提到的竞赛题相当于

$$\frac{3^5-1}{3-1}=11^2$$

当孙琦于 1986 年在《数学研究与评论》上发表的"有限群中一个未解决问题"中提出方程 $\frac{3^m-1}{3-1}=q^n$,$q\in p^*$(p^* 为全体素数及其方幂的集合),$m,n\in \mathbf{N}$,$m>2,n>1$,是否仅有上面那一组解后,乐茂华利用

附录　Edgur 问题

Gel'fond-Baker 定理具体地得出该方程的解 (q,m,n) 都满足

$$q < 10^{6 \times 10^9}, m < 1.4 \times 10^{15}, n < 1.2 \times 10^5$$

哈尔滨工业大学出版社刘培杰数学工作室
已出版(即将出版)图书目录

书 名	出版时间	定 价	编号
新编中学数学解题方法全书(高中版)上卷	2007—09	38.00	7
新编中学数学解题方法全书(高中版)中卷	2007—09	48.00	8
新编中学数学解题方法全书(高中版)下卷(一)	2007—09	42.00	17
新编中学数学解题方法全书(高中版)下卷(二)	2007—09	38.00	18
新编中学数学解题方法全书(高中版)下卷(三)	2010—06	58.00	73
新编中学数学解题方法全书(初中版)上卷	2008—01	28.00	29
新编中学数学解题方法全书(初中版)中卷	2010—07	38.00	75
新编中学数学解题方法全书(高考复习卷)	2010—01	48.00	67
新编中学数学解题方法全书(高考真题卷)	2010—01	38.00	62
新编中学数学解题方法全书(高考精华卷)	2011—03	68.00	118
新编平面解析几何解题方法全书(专题讲座卷)	2010—01	18.00	61
新编中学数学解题方法全书(自主招生卷)	2013—08	88.00	261
数学眼光透视	2008—01	38.00	24
数学思想领悟	2008—01	38.00	25
数学应用展观	2008—01	38.00	26
数学建模导引	2008—01	28.00	23
数学方法溯源	2008—01	38.00	27
数学史话览胜	2008—01	28.00	28
数学思维技术	2013—09	38.00	260
从毕达哥拉斯到怀尔斯	2007—10	48.00	9
从迪利克雷到维斯卡尔迪	2008—01	48.00	21
从哥德巴赫到陈景润	2008—05	98.00	35
从庞加莱到佩雷尔曼	2011—08	138.00	136
数学解题中的物理方法	2011—06	28.00	114
数学解题的特殊方法	2011—06	48.00	115
中学数学计算技巧	2012—01	48.00	116
中学数学证明方法	2012—01	58.00	117
数学趣题巧解	2012—03	28.00	128
三角形中的角格点问题	2013—01	88.00	207
含参数的方程和不等式	2012—09	28.00	213

Ⅰ

哈尔滨工业大学出版社刘培杰数学工作室
已出版(即将出版)图书目录

书　名	出版时间	定　价	编号
数学奥林匹克与数学文化(第一辑)	2006—05	48.00	4
数学奥林匹克与数学文化(第二辑)(竞赛卷)	2008—01	48.00	19
数学奥林匹克与数学文化(第二辑)(文化卷)	2008—07	58.00	36
数学奥林匹克与数学文化(第三辑)(竞赛卷)	2010—01	48.00	59
数学奥林匹克与数学文化(第四辑)(竞赛卷)	2011—08	58.00	87
发展空间想象力	2010—01	38.00	57
走向国际数学奥林匹克的平面几何试题诠释(上、下)(第1版)	2007—01	68.00	11,12
走向国际数学奥林匹克的平面几何试题诠释(上、下)(第2版)	2010—02	98.00	63,64
平面几何证明方法全书	2007—10	35.00	1
平面几何证明方法全书习题解答(第1版)	2005—10	18.00	2
平面几何证明方法全书习题解答(第2版)	2006—12	18.00	10
平面几何天天练上卷·基础篇(直线型)	2013—01	58.00	208
平面几何天天练中卷·基础篇(涉及圆)	2013—01	28.00	234
平面几何天天练下卷·提高篇	2013—01	58.00	237
平面几何专题研究	2013—07	98.00	258
最新世界各国数学奥林匹克中的平面几何试题	2007—09	38.00	14
数学竞赛平面几何典型题及新颖解	2010—07	48.00	74
初等数学复习及研究(平面几何)	2008—09	58.00	38
初等数学复习及研究(立体几何)	2010—06	38.00	71
初等数学复习及研究(平面几何)习题解答	2009—01	48.00	42
世界著名平面几何经典著作钩沉——几何作图专题卷(上)	2009—06	48.00	49
世界著名平面几何经典著作钩沉——几何作图专题卷(下)	2011—01	88.00	80
世界著名平面几何经典著作钩沉(民国平面几何老课本)	2011—03	38.00	113
世界著名解析几何经典著作钩沉——平面解析几何卷	2014—01	38.00	273
世界著名数论经典著作钩沉(算术卷)	2012—01	28.00	125
世界著名数学经典著作钩沉——立体几何卷	2011—02	28.00	88
世界著名三角学经典著作钩沉(平面三角卷Ⅰ)	2010—06	28.00	69
世界著名三角学经典著作钩沉(平面三角卷Ⅱ)	2011—01	38.00	78
世界著名初等数论经典著作钩沉(理论和实用算术卷)	2011—07	38.00	126
几何学教程(平面几何卷)	2011—03	68.00	90
几何学教程(立体几何卷)	2011—07	68.00	130
几何变换与几何证题	2010—06	88.00	70
计算方法与几何证题	2011—06	28.00	129
立体几何技巧与方法	2014—04	88.00	293
几何瑰宝——平面几何500名题暨1000条定理(上、下)	2010—07	138.00	76,77
三角形的解法与应用	2012—07	18.00	183
近代的三角形几何学	2012—07	48.00	184
一般折线几何学	即将出版	58.00	203
三角形的五心	2009—06	28.00	51
三角形趣谈	2012—08	28.00	212
解三角形	2014—01	28.00	265
圆锥曲线习题集(上)	2013—06	68.00	255

哈尔滨工业大学出版社刘培杰数学工作室
已出版(即将出版)图书目录

书 名	出版时间	定 价	编号
俄罗斯平面几何问题集	2009—08	88.00	55
俄罗斯立体几何问题集	2014—03	58.00	283
俄罗斯几何大师——沙雷金论数学及其他	2014—01	48.00	271
来自俄罗斯的5000道几何习题及解答	2011—03	58.00	89
俄罗斯初等数学问题集	2012—05	38.00	177
俄罗斯函数问题集	2011—03	38.00	103
俄罗斯组合分析问题集	2011—01	48.00	79
俄罗斯初等数学万题选——三角卷	2012—11	38.00	222
俄罗斯初等数学万题选——代数卷	2013—08	68.00	225
俄罗斯初等数学万题选——几何卷	2014—01	68.00	226
463个俄罗斯几何老问题	2012—01	28.00	152
近代欧氏几何学	2012—03	48.00	162
罗巴切夫斯基几何学及几何基础概要	2012—07	28.00	188
超越吉米多维奇——数列的极限	2009—11	48.00	58
Barban Davenport Halberstam 均值和	2009—01	40.00	33
初等数论难题集(第一卷)	2009—05	68.00	44
初等数论难题集(第二卷)(上、下)	2011—02	128.00	82,83
谈谈素数	2011—03	18.00	91
平方和	2011—03	18.00	92
数论概貌	2011—03	18.00	93
代数数论(第二版)	2013—08	58.00	94
代数多项式	2014—05	38.00	289
初等数论的知识与问题	2011—02	28.00	95
超越数论基础	2011—03	28.00	96
数论初等教程	2011—03	28.00	97
数论基础	2011—03	18.00	98
数论基础与维诺格拉多夫	2014—03	18.00	292
解析数论基础	2012—08	28.00	216
解析数论基础(第二版)	2014—01	48.00	287
数论入门	2011—03	38.00	99
数论开篇	2012—07	28.00	194
解析数论引论	2011—03	48.00	100
复变函数引论	2013—10	68.00	269
无穷分析引论(上)	2013—04	88.00	247
无穷分析引论(下)	2013—04	98.00	245

Ⅲ

哈尔滨工业大学出版社刘培杰数学工作室
已出版(即将出版)图书目录

书 名	出版时间	定 价	编号
数学分析	2014—04	28.00	338
数学分析中的一个新方法及其应用	2013—01	38.00	231
数学分析例选:通过范例学技巧	2013—01	88.00	243
三角级数论(上册)(陈建功)	2013—01	38.00	232
三角级数论(下册)(陈建功)	2013—01	48.00	233
三角级数论(哈代)	2013—06	48.00	254
基础数论	2011—03	28.00	101
超越数	2011—03	18.00	109
三角和方法	2011—03	18.00	112
谈谈不定方程	2011—05	28.00	119
整数论	2011—05	38.00	120
随机过程(Ⅰ)	2014—01	78.00	224
随机过程(Ⅱ)	2014—01	68.00	235
整数的性质	2012—11	38.00	192
初等数论 100 例	2011—05	18.00	122
初等数论经典例题	2012—07	18.00	204
最新世界各国数学奥林匹克中的初等数论试题(上、下)	2012—01	138.00	144,145
算术探索	2011—12	158.00	148
初等数论(Ⅰ)	2012—01	18.00	156
初等数论(Ⅱ)	2012—01	18.00	157
初等数论(Ⅲ)	2012—01	28.00	158
组合数学	2012—04	28.00	178
组合数学浅谈	2012—03	28.00	159
同余理论	2012—05	38.00	163
丢番图方程引论	2012—03	48.00	172
平面几何与数论中未解决的新老问题	2013—01	68.00	229
历届美国中学生数学竞赛试题及解答(第一卷)1950—1954	2014—06	18.00	277
历届美国中学生数学竞赛试题及解答(第二卷)1955—1959	2014—04	18.00	278
历届美国中学生数学竞赛试题及解答(第三卷)1960—1964	2014—06	18.00	279
历届美国中学生数学竞赛试题及解答(第四卷)1965—1969	2014—04	28.00	280
历届美国中学生数学竞赛试题及解答(第五卷)1970—1972	2014—06	18.00	281

哈尔滨工业大学出版社刘培杰数学工作室已出版(即将出版)图书目录

书　名	出版时间	定　价	编号
历届 IMO 试题集(1959—2005)	2006—05	58.00	5
历届 CMO 试题集	2008—09	28.00	40
历届加拿大数学奥林匹克试题集	2012—08	38.00	215
历届美国数学奥林匹克试题集:多解推广加强	2012—08	38.00	209
历届国际大学生数学竞赛试题集(1994—2010)	2012—01	28.00	143
全国大学生数学夏令营数学竞赛试题及解答	2007—03	28.00	15
全国大学生数学竞赛辅导教程	2012—07	28.00	189
全国大学生数学竞赛复习全书	2014—04	48.00	340
历届美国大学生数学竞赛试题集	2009—03	88.00	43
前苏联大学生数学奥林匹克竞赛题解(上编)	2012—04	28.00	169
前苏联大学生数学奥林匹克竞赛题解(下编)	2012—04	38.00	170
历届美国数学邀请赛试题集	2014—01	48.00	270
整函数	2012—08	18.00	161
多项式和无理数	2008—01	68.00	22
模糊数据统计学	2008—03	48.00	31
模糊分析学与特殊泛函空间	2013—01	68.00	241
受控理论与解析不等式	2012—05	78.00	165
解析不等式新论	2009—06	68.00	48
反问题的计算方法及应用	2011—11	28.00	147
建立不等式的方法	2011—03	98.00	104
数学奥林匹克不等式研究	2009—08	68.00	56
不等式研究(第二辑)	2012—02	68.00	153
初等数学研究(Ⅰ)	2008—09	68.00	37
初等数学研究(Ⅱ)(上、下)	2009—05	118.00	46,47
中国初等数学研究　2009卷(第1辑)	2009—05	20.00	45
中国初等数学研究　2010卷(第2辑)	2010—05	30.00	68
中国初等数学研究　2011卷(第3辑)	2011—07	60.00	127
中国初等数学研究　2012卷(第4辑)	2012—07	48.00	190
中国初等数学研究　2014卷(第5辑)	2014—02	48.00	288
数阵及其应用	2012—02	28.00	164
绝对值方程—折边与组合图形的解析研究	2012—07	48.00	186
不等式的秘密(第一卷)	2012—02	28.00	154
不等式的秘密(第一卷)(第2版)	2014—02	38.00	286
不等式的秘密(第二卷)	2014—01	38.00	268

哈尔滨工业大学出版社刘培杰数学工作室
已出版(即将出版)图书目录

书　名	出版时间	定　价	编号
初等不等式的证明方法	2010—06	38.00	123
数学奥林匹克问题集	2014—01	38.00	267
数学奥林匹克不等式散论	2010—06	38.00	124
数学奥林匹克不等式欣赏	2011—09	38.00	138
数学奥林匹克超级题库(初中卷上)	2010—01	58.00	66
数学奥林匹克不等式证明方法和技巧(上、下)	2011—08	158.00	134,135
近代拓扑学研究	2013—04	38.00	239
新编 640 个世界著名数学智力趣题	2014—01	88.00	242
500 个最新世界著名数学智力趣题	2008—06	48.00	3
400 个最新世界著名数学最值问题	2008—09	48.00	36
500 个世界著名数学征解问题	2009—06	48.00	52
400 个中国最佳初等数学征解老问题	2010—01	48.00	60
500 个俄罗斯数学经典老题	2011—01	28.00	81
1000 个国外中学物理好题	2012—04	48.00	174
300 个日本高考数学题	2012—05	38.00	142
500 个前苏联早期高考数学试题及解答	2012—05	28.00	185
546 个早期俄罗斯大学生数学竞赛题	2014—03	38.00	285
博弈论精粹	2008—03	58.00	30
数学 我爱你	2008—01	28.00	20
精神的圣徒　别样的人生——60 位中国数学家成长的历程	2008—09	48.00	39
数学史概论	2009—06	78.00	50
数学史概论(精装)	2013—03	158.00	272
斐波那契数列	2010—02	28.00	65
数学拼盘和斐波那契魔方	2010—07	38.00	72
斐波那契数列欣赏	2011—01	28.00	160
数学的创造	2011—02	48.00	85
数学中的美	2011—02	38.00	84
王连笑教你怎样学数学——高考选择题解题策略与客观题实用训练	2014—01	48.00	262
最新全国及各省市高考数学试卷解法研究及点拨评析	2009—02	38.00	41
高考数学的理论与实践	2009—08	38.00	53
中考数学专题总复习	2007—04	28.00	6
向量法巧解数学高考题	2009—08	28.00	54
高考数学核心题型解题方法与技巧	2010—01	28.00	86
高考思维新平台	2014—03	38.00	259
数学解题——靠数学思想给力(上)	2011—07	38.00	131
数学解题——靠数学思想给力(中)	2011—07	48.00	132
数学解题——靠数学思想给力(下)	2011—07	38.00	133
我怎样解题	2013—01	48.00	227

哈尔滨工业大学出版社刘培杰数学工作室
已出版(即将出版)图书目录

书　名	出版时间	定　价	编号
2011年全国及各省市高考数学试题审题要津与解法研究	2011－10	48.00	139
2013年全国及各省市高考数学试题解析与点评	2014－01	48.00	282
新课标高考数学——五年试题分章详解(2007~2011)(上、下)	2011－10	78.00	140,141
30分钟拿下高考数学选择题、填空题	2012－01	48.00	146
全国中考数学压轴题审题要津与解法研究	2013－04	78.00	248
新编全国及各省市中考数学压轴题审题要津与解法研究	2014－05	58.00	342
高考数学压轴题解题诀窍(上)	2012－02	78.00	166
高考数学压轴题解题诀窍(下)	2012－03	28.00	167

书　名	出版时间	定　价	编号
格点和面积	2012－07	18.00	191
射影几何趣谈	2012－04	28.00	175
斯潘纳尔引理——从一道加拿大数学奥林匹克试题谈起	2014－01	18.00	228
李普希兹条件——从几道近年高考数学试题谈起	2012－10	18.00	221
拉格朗日中值定理——从一道北京高考试题的解法谈起	2012－10	18.00	197
闵科夫斯基定理——从一道清华大学自主招生试题谈起	2014－01	28.00	198
哈尔测度——从一道冬令营试题的背景谈起	2012－08	28.00	202
切比雪夫逼近问题——从一道中国台北数学奥林匹克试题谈起	2013－04	38.00	238
伯恩斯坦多项式与贝齐尔曲面——从一道全国高中数学联赛试题谈起	2013－03	38.00	236
卡塔兰猜想——从一道普特南竞赛试题谈起	2013－06	18.00	256
麦卡锡函数和阿克曼函数——从一道前南斯拉夫数学奥林匹克试题谈起	2012－08	18.00	201
贝蒂定理与拉姆贝克莫斯尔定理——从一个捡石子游戏谈起	2012－08	18.00	217
皮亚诺曲线和豪斯道夫分球定理——从无限集谈起	2012－08	18.00	211
平面凸图形与凸多面体	2012－10	28.00	218
斯坦因豪斯问题——从一道二十五省市自治区中学数学竞赛试题谈起	2012－07	18.00	196
纽结理论中的亚历山大多项式与琼斯多项式——从一道北京市高一数学竞赛试题谈起	2012－07	28.00	195
原则与策略——从波利亚"解题表"谈起	2013－04	38.00	244
转化与化归——从三大尺规作图不能问题谈起	2012－08	28.00	214
代数几何中的贝祖定理(第一版)——从一道IMO试题的解法谈起	2013－08	38.00	193
成功连贯理论与约当块理论——从一道比利时数学竞赛试题谈起	2012－04	18.00	180
磨光变换与范·德·瓦尔登猜想——从一道环球城市竞赛试题谈起	即将出版		
素数判定与大数分解	即将出版	18.00	199
置换多项式及其应用	2012－10	18.00	220
椭圆函数与模函数——从一道美国加州大学洛杉矶分校(UCLA)博士资格考题谈起	2012－10	38.00	219
差分方程的拉格朗日方法——从一道2011年全国高考理科试题的解法谈起	2012－08	28.00	200

哈尔滨工业大学出版社刘培杰数学工作室
已出版(即将出版)图书目录

书　　名	出版时间	定　价	编号
力学在几何中的一些应用	2013—01	38.00	240
高斯散度定理、斯托克斯定理和平面格林定理——从一道国际大学生数学竞赛试题谈起	即将出版		
康托洛维奇不等式——从一道全国高中联赛试题谈起	2013—03	28.00	337
西格尔引理——从一道第18届IMO试题的解法谈起	即将出版		
罗斯定理——从一道前苏联数学竞赛试题谈起	即将出版		
拉克斯定理和阿廷定理——从一道IMO试题的解法谈起	2014—01	58.00	246
毕卡大定理——从一道美国大学数学竞赛试题谈起	即将出版		
贝齐尔曲线——从一道全国高中联赛试题谈起	即将出版		
拉格朗日乘子定理——从一道2005年全国高中联赛试题谈起	即将出版		
雅可比定理——从一道日本数学奥林匹克试题谈起	2013—04	48.00	249
李天岩—约克定理——从一道波兰数学竞赛试题谈起	即将出版		
整系数多项式因式分解的一般方法——从克朗耐克算法谈起	即将出版		
布劳维不动点定理——从一道前苏联数学奥林匹克试题谈起	2014—01	38.00	273
压缩不动点定理——从一道高考数学试题的解法谈起	即将出版		
伯恩赛德定理——从一道英国数学奥林匹克试题谈起	即将出版		
布查特—莫斯特定理——从一道上海市初中竞赛试题谈起	即将出版		
数论中的同余数问题——从一道普特南竞赛试题谈起	即将出版		
范·德蒙行列式——从一道美国数学奥林匹克试题谈起	即将出版		
中国剩余定理——从一道美国数学奥林匹克试题谈起	即将出版		
牛顿程序与方程求根——从一道全国高考试题解法谈起	即将出版		
库默尔定理——从一道IMO预选试题谈起	即将出版		
卢丁定理——从一道冬令营试题的解法谈起	即将出版		
沃斯滕霍姆定理——从一道IMO预选试题谈起	即将出版		
卡尔松不等式——从一道莫斯科数学奥林匹克试题谈起	即将出版		
信息论中的香农熵——从一道近年高考压轴题谈起	即将出版		
约当不等式——从一道希望杯竞赛试题谈起	即将出版		
拉比诺维奇定理	即将出版		
刘维尔定理——从一道《美国数学月刊》征解问题的解法谈起	即将出版		
卡塔兰恒等式与级数求和——从一道IMO试题的解法谈起	即将出版		
勒让德猜想与素数分布——从一道爱尔兰竞赛试题谈起	即将出版		
天平称重与信息论——从一道基辅市数学奥林匹克试题谈起	即将出版		

哈尔滨工业大学出版社刘培杰数学工作室
已出版(即将出版)图书目录

书 名	出版时间	定 价	编号
艾思特曼定理——从一道 CMO 试题的解法谈起	即将出版		
一个爱尔特希问题——从一道西德数学奥林匹克试题谈起	即将出版		
有限群中的爱丁格尔问题——从一道北京市初中二年级数学竞赛试题谈起	即将出版		
贝克码与编码理论——从一道全国高中联赛试题谈起	即将出版		
帕斯卡三角形	2014—03	18.00	294
蒲丰投针问题——从 2009 年清华大学的一道自主招生试题谈起	2014—01	38.00	295
斯图姆定理——从一道"华约"自主招生试题的解法谈起	2014—01	18.00	296
许瓦兹引理——从一道加利福尼亚大学伯克利分校数学系博士生试题谈起	2014—01		297
拉格朗日中值定理——从一道北京高考试题的解法谈起	2014—01		298
拉姆塞定理——从王诗宬院士的一个问题谈起	2014—01		299
坐标法	2013—12	28.00	332
数论三角形	2014—04	38.00	341
中等数学英语阅读文选	2006—12	38.00	13
统计学专业英语	2007—03	28.00	16
统计学专业英语(第二版)	2012—07	48.00	176
幻方和魔方(第一卷)	2012—05	68.00	173
尘封的经典——初等数学经典文献选读(第一卷)	2012—07	48.00	205
尘封的经典——初等数学经典文献选读(第二卷)	2012—07	38.00	206
实变函数论	2012—06	78.00	181
非光滑优化及其变分分析	2014—01	48.00	230
疏散的马尔科夫链	2014—01	58.00	266
初等微分拓扑学	2012—07	18.00	182
方程式论	2011—03	38.00	105
初级方程式论	2011—03	28.00	106
Galois 理论	2011—03	18.00	107
古典数学难题与伽罗瓦理论	2012—11	58.00	223
伽罗华与群论	2014—01	28.00	290
代数方程的根式解及伽罗瓦理论	2011—03	28.00	108
线性偏微分方程讲义	2011—03	18.00	110
N 体问题的周期解	2011—03	28.00	111
代数方程式论	2011—05	18.00	121
动力系统的不变量与函数方程	2011—07	48.00	137
基于短语评价的翻译知识获取	2012—02	48.00	168
应用随机过程	2012—04	48.00	187
概率论导引	2012—04	18.00	179
矩阵论(上)	2013—06	58.00	250
矩阵论(下)	2013—06	48.00	251

哈尔滨工业大学出版社刘培杰数学工作室
已出版(即将出版)图书目录

书　名	出版时间	定　价	编号
抽象代数:方法导引	2013—06	38.00	257
闵嗣鹤文集	2011—03	98.00	102
吴从炘数学活动三十年(1951～1980)	2010—07	99.00	32
吴振奎高等数学解题真经(概率统计卷)	2012—01	38.00	149
吴振奎高等数学解题真经(微积分卷)	2012—01	68.00	150
吴振奎高等数学解题真经(线性代数卷)	2012—01	58.00	151
高等数学解题全攻略(上卷)	2013—06	58.00	252
高等数学解题全攻略(下卷)	2013—06	58.00	253
高等数学复习纲要	2014—01	18.00	384
钱昌本教你快乐学数学(上)	2011—12	48.00	155
钱昌本教你快乐学数学(下)	2012—03	58.00	171
数贝偶拾——高考数学题研究	2014—04	28.00	274
数贝偶拾——初等数学研究	2014—04	38.00	275
数贝偶拾——奥数题研究	2014—04	48.00	276
集合、函数与方程	2014—01	28.00	300
数列与不等式	2014—01	38.00	301
三角与平面向量	2014—01	28.00	302
平面解析几何	2014—01	38.00	303
立体几何与组合	2014—01	28.00	304
极限与导数、数学归纳法	2014—01	38.00	305
趣味数学	2014—03	28.00	306
教材教法	2014—04	68.00	307
自主招生	2014—05	58.00	308
高考压轴题(上)	即将出版		309
高考压轴题(下)	即将出版		310
从费马到怀尔斯——费马大定理的历史	2013—10	198.00	Ⅰ
从庞加莱到佩雷尔曼——庞加莱猜想的历史	2013—10	298.00	Ⅱ
从切比雪夫到爱尔特希(上)——素数定理的初等证明	2013—07	48.00	Ⅲ
从切比雪夫到爱尔特希(下)——素数定理100年	2012—12	98.00	Ⅲ
从高斯到盖尔方特——虚二次域的高斯猜想	2013—10	198.00	Ⅳ
从库默尔到朗兰兹——朗兰兹猜想的历史	2014—01	98.00	Ⅴ
从比勃巴赫到德布朗斯——比勃巴赫猜想的历史	2014—02	298.00	Ⅵ
从麦比乌斯到陈省身——麦比乌斯变换与麦比乌斯带	2014—02	298.00	Ⅶ
从布尔到豪斯道夫——布尔方程与格论漫谈	2013—10	198.00	Ⅷ
从开普勒到阿诺德——三体问题的历史	2014—05	298.00	Ⅸ
从华林到华罗庚——华林问题的历史	2013—10	298.00	Ⅹ

哈尔滨工业大学出版社刘培杰数学工作室
已出版(即将出版)图书目录

书　名	出版时间	定　价	编号
三角函数	2014—01	38.00	311
不等式	2014—01	28.00	312
方程	2014—01	28.00	314
数列	2014—01	38.00	313
排列和组合	2014—01	28.00	315
极限与导数	2014—01	28.00	316
向量	2014—01	38.00	317
复数及其应用	2014—01	28.00	318
函数	2014—01	38.00	319
集合	即将出版		320
直线与平面	2014—01	28.00	321
立体几何	2014—04	28.00	322
解三角形	即将出版		323
直线与圆	2014—01	18.00	324
圆锥曲线	2014—01	38.00	325
解题通法(一)	2014—01	38.00	326
解题通法(二)	2014—01	38.00	327
解题通法(三)	2014—05	38.00	328
概率与统计	2014—01	28.00	329
信息迁移与算法	即将出版		330
第19～23届"希望杯"全国数学邀请赛试题审题要津详细评注(初一版)	2014—03	28.00	333
第19～23届"希望杯"全国数学邀请赛试题审题要津详细评注(初二、初三版)	2014—03	38.00	334
第19～23届"希望杯"全国数学邀请赛试题审题要津详细评注(高一版)	2014—03	28.00	335
第19～23届"希望杯"全国数学邀请赛试题审题要津详细评注(高二版)	2014—03	38.00	336
物理奥林匹克竞赛大题典——力学卷	即将出版		
物理奥林匹克竞赛大题典——热学卷	2014—04	28.00	339
物理奥林匹克竞赛大题典——电磁学卷	即将出版		
物理奥林匹克竞赛大题典——光学与近代物理卷	2014—06	28.00	

联系地址：哈尔滨市南岗区复华四道街10号　哈尔滨工业大学出版社刘培杰数学工作室
网　　址：http://lpj.hit.edu.cn/
邮　编：150006
联系电话：0451—86281378　　13904613167
E-mail:lpj1378@163.com